JN061838

コンパクトシリーズ　流れ

# 流体シミュレーションの基礎

河村哲也　著

インデックス出版

# Preface

気体と液体は，どちらも固体のように決まった形をもたず，自由に変形し，どのような形の容器でも満たすことができるといったように性質が似ているため，まとめて流体とよんでいます．流体の運動など力学的な性質を調べる分野が流体力学であり，われわれは空気や水といった流体に取り囲まれて生活しているため，実用的にも非常に重要です．

流体力学はいわば古典物理学に分類され,基礎になる法則は単純で質量保存，運動量保存，エネルギー保存の各法則です．これらを数式を使って表現したものが基礎方程式ですが，流体が自由に変形するという性質をもつため非線形の偏微分方程式になります．その結果,数学的な取扱いは著しく困難になります．一方，現実に流体は運動していますので，解はあるはずで，実用的な重要性から，近似的にでもよいので解を求める努力がなされてきました．

特に 1960 年代にコンピュータが実用化され，それ以降，流体の基礎方程式をコンピュータを使って数値的に解くという，数値流体力学の分野が急速に発展してきました．そして，現在の流体力学の主流は数値流体力学といえます．さらに，数値流体力学の成果を使って流体解析を行えるソフトウェアも，高価なものからフリーのものまで多く存在します．ただし，そういったソフトウェアを用いる場合，理屈や中身を理解しているのといないのでは大違いであり，単純に出力された結果を鵜呑みにすると大きな間違いをしてしまうといった危険性もあります．

このようなことからも数値流体力学の書籍は多く出版されていますが，分厚いものが多く初歩の段階では敷居が高いのも確かです．そこで，本シリーズの目的は数値流体力学およびその基礎である流体力学を簡潔に紹介し，その内容を理解していただくとともに，簡単なプログラムを自力で組めるようにいていただくことにあります．具体的には本シリーズは

1. 流体力学の基礎
2. 流体シミュレーションの基礎
3. 流体シミュレーションの応用 I
4. 流体シミュレーションの応用 II
5. 流体シミュレーションのヒント集

の５冊および別冊（流れの話）からなります．１.は数値流体力学の基礎としての流体力学の紹介ですが，単体として流体力学の教科書としても使えるようにしています．２.については，本文中に書かれていることを理解し，具体的に使えば，最低限の流れの解析ができるようになるはずです．流体の方程式のみならず常微分方程式や偏微分方程式の数値解法の教科書としても使えます．３.は少し本格的な流体シミュレーションを行うための解説書です．２.と３.では応用範囲の広さから，取り扱う対象を非圧縮性流れに限定しましたが，４.は圧縮性流れおよびそれと性質が似た河川の流れのシミュレーションを行うための解説書です.また５.では走行中の電車内のウィルスの拡散のシミュレーションなど興味ある（あるいは役立つ）流体シミュレーションの例をおさめています．そして，それぞれ読みやすさを考慮して，各巻とも 80 ～ 90 ページ程度に抑えてあります．またページ数の関係で本に含めることができなかったいくつかのプログラムについてはインデックス出版のホームページからダウンロードできるようにしています．なお，別冊「流れの話」では流体力学のごく初歩的な解説，コーシーの定理など複素関数論と流体力学の関係，著者と数値流体力学のかかわりなどを記しています.

本シリーズによって読者の皆様が，流体力学の基礎を理解し，数値流体力学を使って流体解析ができることの一助になることを願ってやみません.

河村 哲也

# Contents

Chapter 1

# 常微分方程式の数値解法

本書の目的は簡単な流れに対して数値シミュレーションの方法を示すことにあります．そのためには流体運動の基礎方程式であるナビエ・ストークス方程式を数値的に解く必要があります．ナビエ・ストークス方程式は非線形の連立偏微分方程式ですが，説明の順序としては，すべての基礎になる常微分方程式の数値解法から始めるのが適当です．微分方程式の数値解法というととても難しいように思えますが，実際はその逆で基本的な発想は単純で明解です．本章では偏微分方程式の理解に必要な最低限のことに絞って，常微分方程式の数値解法についてわかりやすく解説します．

## 1.1　初期値問題—1

はじめに**1 階微分方程式**

$$\frac{dx}{dt} = x \tag{1.1}$$

を初期条件

$$x(0) = 1 \tag{1.2}$$

のもとで数値的に解くことを考えてみます（**初期値問題**）．コンピュータでは微分することができないため，微分方程式の左辺を，$h$ が十分に小さいとして

$$\frac{dx}{dt} = \lim_{h \to 0} \frac{x\,(t+h) - x\,(t)}{h} \sim \frac{x\,(t+h) - x\,(t)}{h} \tag{1.3}$$

のように近似します（**前進差分**といいます）．このとき，もとの微分方程式は

$$\frac{x(t+h) - x(t)}{h} = x(t) \tag{1.4}$$

すなわち

$$x(t+h) = x(t) + hx(t) = (1+h)x(t) \tag{1.5}$$

と近似されます．この式は $t$ を時間としたとき，時間 $t$ での $x$ の値から微小な時間 $h$ 後の $x$ の値を求める式とみなすことができます．一方，時間 0 での $x$ の値は**初期値条件** (1.2) で与えられているため，この式を繰り返し用いることによって，解の近似値が $h$ 間隔で求まります．実際，式 (1.5) で $t=0$ とおけば

$$x(h) = (1+h)x(0) = 1+h \tag{1.6}$$

となり，次に式 (1.5) で $t=h$ とおいて，式 (1.6) を用いれば

$$x(2h) = (1+h)x(h) = (1+h)(1+h) = (1+h)^2 \tag{1.7}$$

となります．以下，同様に式 (1.5) で順に $t=2h$，$t=3h$ などと置いていけば

$$\begin{aligned} x(3h) &= (1+h)x(2h) = (1+h)(1+h)^2 = (1+h)^3 \\ x(4h) &= (1+h)x(3h) = (1+h)(1+h)^3 = (1+h)^4 \\ &\cdots \end{aligned} \tag{1.8}$$

となります．この式から一般に

$$x(nh) = (1+h)^n \tag{1.9}$$

という近似解が得られます．このように 1 階微分方程式の微分を前進差分で置き換えて解く方法を**オイラー法**とよんでいます．

いま，$nh=T$ とおけば，オイラー法で求めたもとの方程式の解は

$$x(T) = \left(1+\frac{T}{n}\right)^n \tag{1.10}$$

と書けます．一方，初期条件を満たす厳密解は

$$x(T) = e^T \tag{1.11}$$

です．ここで式 (1.10) の時間間隔 $h$ を限りなく小さくすれば，$n \to \infty$ となりますが，式 (1.10) はこの極限において式（1.11）に一致します（指数関数の定義式）．

オイラー法は次の形をした任意の 1 階微分方程式の初期値問題に適用できます：

$$\begin{aligned} \frac{dx}{dt} &= f(t,x) \\ x(0) &= a \end{aligned} \tag{1.12}$$

ここで，$f$ は $t$ と $x$ に関して形が与えられた関数とします．式 (1.12) の微分を前進差分で置き換えると

$$\frac{x(t+h)-x(t)}{h}=f(t,x(t)) \tag{1.13}$$

すなわち，

$$x(t+h)=x(t)+hf(t,x(t)) \tag{1.14}$$

となります．この式も時間 $t$ での値から，時間 $t+h$ の値を求める式とみなせます．特にこの式で $t=nh$ とおけば

$$x((n+1)h)=x(nh)+hf(nh,x(nh)) \tag{1.15}$$

となります．いま，記法を簡単にするため，$nh=t_n$ および

$$x(0)=x_0, x(h)=x_1,\cdots,x(nh)=x_n,\cdots \tag{1.16}$$

とおけば式 (1.15) は

$$\begin{aligned} x_{n+1}&=x_n+hf(t_n,x_n)\\ t_{n+1}&=t_n+h \end{aligned} \tag{1.17}$$

となります．$x_n$ が与えられれば $f(t_n,x_n)$ は計算できる量であるため，式 (1.17) は**漸化式**になっています．そこで，$x_0=a$ からはじめて，式 (1.17) の $n$ を $0,1,2,\cdots$ と順に増加させていくことにより，方程式 (1.12) の解が $h$ 刻みに求まります（図 1.1）．

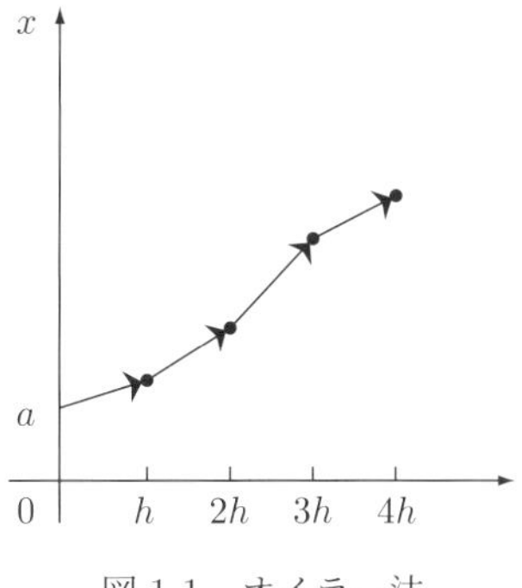


図 1.1　オイラー法

**Example 1　リッカチ方程式** ........................................

$$\frac{dx}{dt} = (t^2 + t + 1) - (2t + 1)x + x^2 \tag{1.18}$$

を初期条件 $x(0) = 0.5$ のもとで解いてみます．この方程式はリッカチの方程式とよばれるもののひとつです．式 (1.18) は厳密解

$$x = \frac{te^t + t + 1}{e^t + 1} \tag{1.19}$$

をもちます．

[Answer]

表 1.1　オイラー法

| $l$ の値 | 近似解 | 厳密解 |
|---|---|---|
| 0.000000 | 0.50000000 | 0.50000000 |
| 0.100000 | 0.57499999 | 0.57502085 |
| 0.200000 | 0.65006250 | 0.65016598 |
| 0.300000 | 0.72531188 | 0.72555745 |
| 0.400000 | 0.80086970 | 0.80131233 |
| 0.500000 | 0.87685239 | 0.87754065 |
| 0.600000 | 0.95336890 | 0.95434374 |
| 0.700000 | 1.03051901 | 1.03181231 |
| 0.800000 | 1.10839140 | 1.11002553 |
| 0.900000 | 1.18706274 | 1.18905067 |
| 1.000000 | 1.26659691 | 1.26894152 |
| 1.100000 | 1.34704459 | 1.34974003 |
| 1.200000 | 1.42844319 | 1.43147540 |
| 1.300000 | 1.51081753 | 1.51416516 |
| 1.400000 | 1.59418023 | 1.59781611 |
| 1.500000 | 1.67853284 | 1.68242574 |
| 1.600000 | 1.76386690 | 1.76798177 |
| 1.700000 | 1.85016549 | 1.85446537 |
| 1.800000 | 1.93740392 | 1.94185138 |
| 1.900000 | 2.02555156 | 2.03010869 |
| 2.000000 | 2.11457276 | 2.11920333 |

この方程式をオイラー法で近似すれば

$$x_{n+1} = x_n + h((t_n^2 + t_n + 1) - (2t_n + 1)x_n + x_n^2) \tag{1.20}$$

となります．ここで $h = 0.1$ とすれば

$$\begin{aligned}
x_1 &= x_0 + h((t_0^2 + t_0 + 1) - (2t_0 + 1)x_0 + x_0^2) \\
&= 0.5 + 0.1 \times ((0^2 + 0 + 1) - (2 \times 0 + 1) \times 0.5 + 0.25) \\
&= 0.575 \\
x_2 &= x_1 + h((t_1^2 + t_1 + 1) - (2t_1 + 1)x_1 + x_1^2) \\
&= 0.575 + 0.1 \times ((0.01 + 0.1 + 1) - (2 \times 0.1 + 1) \times 0.575 + (0.575)^2)) \\
&= 0.65006
\end{aligned} \tag{1.21}$$

というように順に解が求まります．計算結果と厳密解との比較を表 1.1 に示します．

…………………………………………………………………………

次に **2 階微分方程式**の初期値問題を考えてみます．例として

$$\begin{aligned}
\frac{d^2x}{dt^2} &= -x \\
x(0) &= 0 \\
\frac{dx}{dt}(0) &= 1
\end{aligned} \tag{1.22}$$

を取り上げます．いま，$y = dx/dt$ とおけば，$dy/dt = d^2x/dt^2$ となるため，もとの方程式は**連立 2 元 1 階微分方程式**

$$\begin{aligned}
\frac{dx}{dt} &= y \\
\frac{dy}{dt} &= -x
\end{aligned} \tag{1.23}$$

を，初期条件

$$x(0) = 0, \quad y(0) = 1 \tag{1.24}$$

のもとで解くことに帰着されます．そこで，各方程式にオイラー法を適用すれば,

$$\begin{aligned}
\frac{x(t+h) - x(t)}{h} &= y(t) \\
\frac{y(t+h) - y(t)}{h} &= -x(t)
\end{aligned} \tag{1.25}$$

より

$$
\begin{aligned}
x(t+h) &= x(t) + hy(t) \\
y(t+h) &= y(t) - hx(t)
\end{aligned} \tag{1.26}
$$

となります．これらの式は，時間 $t$ から時間 $t+h$ の値を求める式とみなせます．すなわち，初期条件から $x(0)$ と $y(0)$ の値は既知であるため，まず式 (1.26) に $t=0$ を代入して右辺を計算すれば，$x(h)$ と $y(h)$ が求まります．次に式 (1.26) に $t=h$ を代入すれば，上で計算した $x(h)$ と $y(h)$ を用いて右辺を計算して，$x(2h)$ と $y(2h)$ が求まります．以下，同様にすれば $x(2h)$ と $y(2h)$ から $x(3h)$ と $y(3h)$ が，$x(3h)$ と $y(3h)$ から $x(4h)$ と $y(4h)$ というようにして，$h$ きざみに $x$ と $y$ が同時に計算できます．

Example 2　**連立微分方程式** ......................................

$$
\begin{aligned}
\frac{dx}{dt} &= -3x - 2y + 2t \\
\frac{dy}{dt} &= 2x + y - \sin t
\end{aligned} \tag{1.27}
$$

を初期条件

$$
x(0) = 4.5, \quad y(0) = -6.5 \tag{1.28}
$$

のもとで解いてみます．

[Answer]

これらの式は，$x_n = x(t_n)$，$y_n = y(t_n)$ とおけば

$$
\begin{aligned}
x_{n+1} &= x_n + h(-3x_n - 2y_n + 2t_n) \\
y_{n+1} &= y_n + h(2x_n + y_n - \sin t_n)
\end{aligned} \tag{1.29}
$$

と近似されます．そこで $h=0.1$ とすれば

$$
\begin{aligned}
x_1 &= 4.5 + 0.1 \times (-3 \times 4.5 - 2 \times (-6.5) + 2 \times 0) = 4.45 \\
y_1 &= -6.5 + 0.1 \times (2 \times 4.5 - 6.5 - \sin 0) = -6.25
\end{aligned}
$$

$$
\begin{aligned}
x_2 &= 4.45 + 0.1 \times (-3 \times 4.45 - 2 \times (-6.25) + 2 \times \sin(0.1)) = 0.4385 \\
y_2 &= -6.25 + 0.1 \times (2 \times 4.45 - 6.25 - \sin(0.1)) = -5.9950
\end{aligned} \tag{1.30}
$$

というように順に解の近似値が求まります．表 1.2 にはこのようにして得られた数値解と厳密解

$$x = \left(-\frac{1}{2} + t\right) e^{-t} + (-2t + 6) - \cos t$$
$$y = -te^{-t} + (4t - 8) + \frac{3}{2}\cos x - \frac{1}{2}\sin t \tag{1.31}$$

との比較を示します．

表 1.2　連立微分方程式の解

| $l$ の値 | $x$ の近似解 | $x$ の厳密解 | $y$ の近似解 | $y$ の厳密解 |
|---|---|---|---|---|
| 0 | 4.5 | 4.5 | -6.5 | -6.5 |
| 0.1 | 4.45 | 4.443060868 | -6.25 | -6.247894202 |
| 0.2 | 4.385 | 4.374314196 | -5.994983342 | -5.992980949 |
| 0.3 | 4.308496668 | 4.296499867 | -5.737348609 | -5.737000836 |
| 0.4 | 4.22341739 | 4.211907001 | -5.478936157 | -5.481245699 |
| 0.5 | 4.132179404 | 4.122417438 | -5.221088129 | -5.226604256 |
| 0.6 | 4.036743209 | 4.029545549 | -4.964703615 | -4.973604796 |
| 0.7 | 3.938660969 | 3.934474873 | -4.710289582 | -4.722455275 |
| 0.8 | 3.839120595 | 3.83809198 | -4.458008115 | -4.473081153 |
| 0.9 | 3.738986039 | 3.741017896 | -4.207720417 | -4.225161196 |
| 1 | 3.638834311 | 3.643637415 | -3.959027941 | -3.978161475 |
| 1.1 | 3.538989606 | 3.546126529 | -3.711310972 | -3.73136769 |
| 1.2 | 3.439554918 | 3.448478194 | -3.463764884 | -3.483915966 |
| 1.3 | 3.34044142 | 3.350526606 | -3.215434297 | -3.234822181 |
| 1.4 | 3.241395853 | 3.251970125 | -2.965245261 | -2.9830099 |
| 1.5 | 3.14202615 | 3.152392958 | -2.71203559 | -2.727336931 |
| 1.6 | 3.041825423 | 3.051285692 | -2.454583418 | -2.466620514 |
| 1.7 | 2.940194479 | 2.948064723 | -2.191634035 | -2.199661138 |
| 1.8 | 2.836462943 | 2.842090649 | -1.921925024 | -1.925264956 |
| 1.9 | 2.729909065 | 2.732685634 | -1.644209701 | -1.642264771 |
| 2 | 2.619778285 | 2.619149761 | -1.357278867 | -1.349539535 |

…………………………………………………………………

この手順は一般の連立 2 元の 1 階微分方程式の初期値問題

$$\frac{dx}{dt} = f(t, x, y)$$
$$\frac{dy}{dt} = g(t, x, y)$$
$$x(0) = a, \quad y(0) = b \tag{1.32}$$

に対しても全く同様にあてはめられます．なぜなら，各微分係数を前進差分でおきかえて変形すれば

$$x(t+h) = x(t) + hf(t, x(t), y(t))$$
$$y(t+h) = y(t) + hg(t, x(t), y(t)) \tag{1.33}$$

となるため，$t$ における関数値を用いて $t+h$ の関数値がただちに計算できるからです．この式を漸化式の形に書き表すとさらにわかりやすくなります．すなわち，$x(nh) = x_n$，$y(nh) = y_n$，$nh = t_n$ とおくことによって

$$x_{n+1} = x_n + hf(t_n, x_n, y_n)$$
$$y_{n+1} = y_n + hg(t_n, x_n, y_n)$$
$$t_{n+1} = t_n + h \tag{1.34}$$

となります．ここで $f$，$g$ は既知であるため，この式を用いて $x_0, y_0$ からはじめて順次

$$x_0, y_0 \to x_1, y_1 \to x_2, y_2 \to \cdots \tag{1.35}$$

の順に計算できます．なお，同じ方法（オイラー法）は連立 1 階微分方程式の元数によらずに適用できます．

このようにして連立 1 階微分方程式が解ければ，**高階微分方程式**の初期値問題も変数の置き換えを行って解くことができます．たとえば，3 階微分方程式

$$\frac{d^3x}{dt^3} = f\left(t, x, \frac{dx}{dt}, \frac{d^2x}{dt^2}\right) \tag{1.36}$$

の初期条件

$$x(0) = a, \quad \frac{dx}{dt}(0) = b, \quad \frac{d^2x}{dt^2}(0) = c \tag{1.37}$$

のもとでの解を求めるには，

$$y = \frac{dx}{dt}, \quad z = \frac{dy}{dt} = \frac{d^2x}{dt^2} \tag{1.38}$$

とおきます．このとき，もとの 3 階微分方程式は

$$\frac{dz}{dt} = f(t, x, y, z) \tag{1.39}$$

となるため，この方程式と $y$ および $z$ の定義式

$$\frac{dx}{dt} = y, \quad \frac{dy}{dt} = z \tag{1.40}$$

が連立 3 元の 1 階微分方程式を構成することになります．この方程式を，初期条件

$$x(0) = a, \quad y(0) = b, \quad z(0) = c \tag{1.41}$$

のもとで解くことになります．

## 1.2 初期値問題—2

前節で述べたオイラー法は単純明解な方法ですが，精度があまりよくない（あるいは誤差が大きい）という欠点があります．本節ではオイラー法の精度を上げる方法について考えてみます．

基本となる 1 階の微分方程式の初期値問題

$$\begin{aligned} \frac{dx}{dt} &= f(t, x) \\ x(0) &= a \end{aligned} \tag{1.42}$$

を取り上げます．前節と取り扱い方は見かけ上は異なりますがこの微分方程式を区間 $[t_n, t_n + h]$ で定積分してみます ($t_n = nh$)．このとき，

$$\begin{aligned} 左辺 &= \int_{t_n}^{t_n+h} \frac{dx}{dt} dt = \int_{t_n}^{t_{n+1}} dx \\ &= [x(t)]_{t_n}^{t_{n+1}} = x(t_{n+1}) - x(t_n) = x_{n+1} - x_n \end{aligned} \tag{1.43}$$

となります．一方，右辺は

$$\int_{t_n}^{t_n+h} f(t, x) dt \tag{1.44}$$

ですが，被積分関数 $f$ は $t$ の未知関数 $x(t)$ を含んでいるため，このままでは式の形で積分できません．そこで，数値積分の利用を考えてみます．最も簡単には，この積分区間で被積分関数を近似的に定数 $f(t_n, x_n)$ とみなせば積分できて

$$\int_{t_n}^{t_n+h} f(t,x)dt = f(t_n, x_n)\int_{t_n}^{t_n+h} dt = hf(t_n, x_n) \tag{1.45}$$

となります．この式と式 (1.43) を等値すれば

$$x_{n+1} = x_n + hf(t_n, x_n) \tag{1.46}$$

となりますが，この式は前節で述べたオイラー法と同一のものになります．

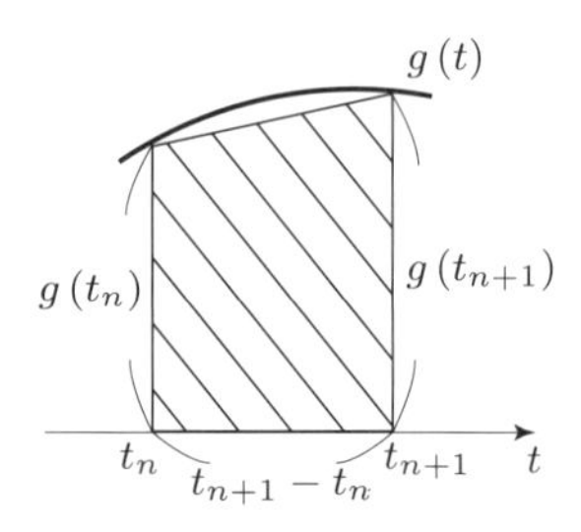


図 1.2　台形公式

次に解法の精度を上げるために定積分を**台形公式**[*1]，すなわち

$$\int_{t_n}^{t_n+h} f(t,x)dt = \frac{h}{2}(f(t_n, x_n) + f(t_{n+1}, x_{n+1})) \tag{1.47}$$

で近似してみます．この式と式 (1.46) を等値すれば

$$x_{n+1} = x_n + \frac{h}{2}(f(t_n, x_n) + f(t_{n+1}, x_{n+1})) \tag{1.48}$$

が得られます．実はこの公式には，右辺にも未知数 $x_{n+1}$ が含まれていることに注意が必要です．もちろん，この $x_{n+1}$ に関する方程式は**ニュートン法**など

---

[*1] 台形公式とは

$$\int_{t_n}^{t_{n+1}} g(t)dt \fallingdotseq \frac{(t_{n+1}-t_n)}{2}(g(t_n) + g(t_{n+1}))$$

と近似する方法で，曲線と座標軸の間の面積を台形の面積で近似します (図 1.2)．式 (1.47) は上式で $g(t) = f(t, x(t))$ とおいた式になっています．

を用いれば解けますが，一般に計算が面倒になります．そこで以下のような計算をおこなってみます．まず，通常のオイラー法を用いて $x_{n+1}$ を計算しますが，これを最終値とはせずに，とりあえず $x^*$ と書くことにします．そして，この $x^*$ を式 (1.48) の右辺の $x_{n+1}$ のかわりに用いることにします．具体的に式で書けば

$$
\begin{aligned}
x^* &= x_n + hf(t_n, x_n) \\
x_{n+1} &= x_n + \frac{h}{2}(f(t_n, x_n) + f(t_{n+1}, x^*))
\end{aligned} \tag{1.49}
$$

となります．この方法では式 (1.49) の第 1 式を解の予測に，第 2 式を解の修正を使っているとみなすことができます．このように解を求める場合に 2 段階を踏み，まず第 1 段階を解の予測に，第 2 段階を修正に使う方法を**予測子－修正子法**とよんでいます．式 (1.49) は次のように書くこともできます：

$$
\begin{aligned}
s_1 &= hf(t_n, x_n) \\
s_2 &= hf(t_n + h, x_n + s_1) \\
x_{n+1} &= x_n + \frac{1}{2}(s_1 + s_2) \\
t_{n+1} &= t_n + h
\end{aligned} \tag{1.50}
$$

このように書いた場合を 2 次の**ルンゲ・クッタ法**または**ホイン法**とよびます．なお，常微分方程式の初期値問題を解く場合に標準的に使われる方法は，2 次のルンゲ・クッタ法をさらに発展させた次式で与えられる 4 次のルンゲ・クッタ法です：

$$
\begin{aligned}
s_1 &= hf(t_n, x_n) \\
s_2 &= hf(t_n + h/2, x_n + s_1/2) \\
s_3 &= hf(t_n + h/2, x_n + s_2/2) \\
s_4 &= hf(t_n + h, x_n + s_3) \\
x_{n+1} &= x_n + \frac{1}{6}(s_1 + 2s_2 + 2s_3 + s_4) \\
t_{n+1} &= t_n + h
\end{aligned} \tag{1.51}
$$

Example 3 ……………………………………………………………

前にあげたリッカチの方程式を 4 次のルンゲ・クッタ法を用いて解いた結果を厳密解とともに表 1.3 に示します．オイラー法に比べ精度が格段によくなっていることがわかります．

[Answer]

表 1.3　ルンゲ・クッタ法

| $l$ の値 | 近似解 | 厳密解 |
|---|---|---|
| 0.00000 | 0.50000000 | 0.50000000 |
| 0.10000 | 0.57502079 | 0.57502085 |
| 0.20000 | 0.65016598 | 0.65016598 |
| 0.30000 | 0.72555745 | 0.72555745 |
| 0.40000 | 0.87754065 | 0.80131233 |
| 0.50000 | 0.87754065 | 0.87754065 |
| 0.60000 | 0.95434368 | 0.95434374 |
| 0.70000 | 1.03181219 | 1.03181231 |
| 0.80000 | 1.11002553 | 1.11002553 |
| 0.90000 | 1.18905044 | 1.18905067 |
| 1.00000 | 1.26894140 | 1.26894152 |
| 1.10000 | 1.34973991 | 1.34974003 |
| 1.20000 | 1.43147528 | 1.43147540 |
| 1.30000 | 1.51416516 | 1.51416516 |
| 1.40000 | 1.59781623 | 1.59781611 |
| 1.50000 | 1.68242562 | 1.68242574 |
| 1.60000 | 1.76798177 | 1.76798177 |
| 1.70000 | 1.85446548 | 1.85446537 |
| 1.80000 | 1.94185126 | 1.94185138 |
| 1.90000 | 2.03010869 | 2.03010869 |
| 2.00000 | 2.11920309 | 2.11920333 |

……………………………………………………………

## 1.3　境界値問題

次に微分方程式の**境界値問題**[*2]

$$
\begin{aligned}
\frac{d^2x}{dt^2} + x = 0 \quad (0 < t < 1) \\
x(0) = 0, \quad x(1) = 1
\end{aligned}
\tag{1.52}
$$

を**差分法**とよばれる数値解法を用いて解いてみます．差分法で数値解を求める場合には，方程式が与えられた区間 $[0,1]$ において連続的に解が求まるわけではなく，区間内にとびとびに分布した点で解が求まります．これは初期値問題において解が $h$ きざみで求まったことに対応します．

いま，図 1.3 に示すように区間を等間隔に $J$ 個の小区間に分割してみます．

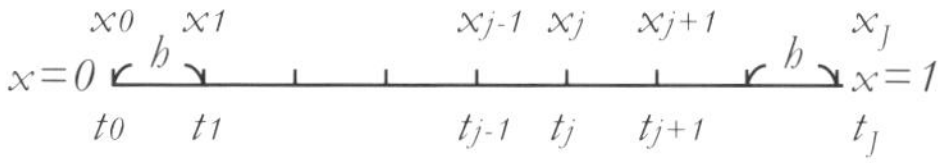

図 1.3　差分格子（1次元）

分割は必ずしも等間隔である必要はないのですが，等間隔にとった場合には式が簡単になるため等間隔にします．この小区間のことを**差分格子**，またそれぞれの格子の端の点を**格子点**といいます．差分法では，各格子点における微分方程式の近似解を求めます．さて，各格子点を区別するため，たとえば $t = 0$ を 0 番目として順番に番号をつけて，$t = 1$ は $J$ 番目の格子点になったとします．そして，$j$ 番目の格子点の $t$ 座標を $t_j$，その点での微分方程式の解の近似値を $x_j$ と表すことにします．すなわち

$$
x_j \sim x(t_j) \tag{1.53}
$$

とします．

[*2] 微分方程式の特解を領域の境界において条件を与えて求める問題

次にオイラー法と同様に微分係数を近似します．この例の方程式では 2 階微分であるため $h$ を差分格子の幅とすれば

$$\frac{d^2x}{dt^2} \sim \frac{x(t-h) - 2x(t) + x(t+h)}{h^2} \tag{1.54}$$

と近似できます[*3]．そこで，この式を $j$ 番目の格子点 $t = t_j$ で考えれば

$$\begin{aligned} \left.\frac{d^2x}{dt^2}\right|_{t=t_j} &\sim \frac{x(t_j-h) - 2x(t_j) + x(t_j+h)}{h^2} \\ &\sim \frac{x_{j-1} - 2x_j + x_{j+1}}{h^2} \end{aligned} \tag{1.55}$$

となります．ただし

$$x(t_j - h) = x(t_{j-1}) \sim x_{j-1}, \quad x(t_j + h) = x(t_{j+1}) \sim x_{j+1} \tag{1.56}$$

を用いています．そこで，もとの微分方程式は

$$\frac{x_{j-1} - 2x_j + x_{j+1}}{h^2} + x_j = 0 \tag{1.57}$$

すなわち

$$x_{j-1} + (h^2 - 2)x_j + x_{j+1} = 0 \tag{1.58}$$

と近似できます．この方程式は**差分方程式**の一種です．ここで，点 $x_j$ は両端を除き，どの格子点でもよいので差分方程式 (1.58) は $j = 1, 2, \cdots, J-1$ の合計 $J-1$ 個あることに注意します．一方，未知数は，境界条件から $x_0 = 0, x_J = 1$ であるため，$x_1, \cdots, x_{J-1}$ の合計 $J-1$ 個です．このように未知数と方程式の数が一致するため方程式 (1.58) は解けて各格子点上の近似解が求まります．

[*3] 式 (2.3) の下でも示しますが，$x(t+h)$，$x(t-h)$ を $x(t)$ のまわりに**テイラー展開**すれば示せます．一般的な議論は付録 A を参照のこと．

Example 4 ..........................................................................

$J = 4$ として式 (1.52) の境界値問題を解きなさい.

[Answer]

この場合, $h = 0.25$ です. そこで, 連立方程式は

$$\begin{aligned} j = 1: &\quad 0 + (0.0625 - 2)x_1 + x_2 = 0 \\ j = 2: &\quad x_1 + (0.0625 - 2)x_2 + x_3 = 0 \\ j = 3: &\quad x_2 + (0.0625 - 2)x_3 + 1 = 0 \end{aligned} \tag{1.59}$$

となります. ただし $x_0 = 0$, $x_4 = 1$ を用いています. これから, 有効数字 4 桁で解を求めれば

$$x_1 = 0.2943, \quad x_2 = 0.5702, \quad x_3 = 0.8104 \tag{1.60}$$

となります. 一方, 厳密解 $u = \sin x / \sin 1$ を用いれば, 同じ有効桁で

$$\begin{aligned} u(0.25) &= \frac{\sin 0.25}{\sin 1} = 0.2940 \\ u(0.5) &= \frac{\sin 0.5}{\sin 1} = 0.5697 \\ u(0.75) &= \frac{\sin 0.75}{\sin 1} = 0.8101 \end{aligned} \tag{1.61}$$

となります.

..........................................................................

上に述べた方法は, 他の微分方程式の境界値問題にそのまま応用できます. なお, 境界値問題は初期値問題とは異なり, 解を得るためには一般に連立方程式を解く必要があります.

以上をまとめれば, 差分法を用いて境界値問題を解くには以下の手順を踏めばよいことがわかります.

1. 解くべき領域を差分格子に分割する.
2. 微分方程式の導関数を数値微分で置き換えて差分方程式をつくる.
3. 差分方程式（多くは連立 1 次方程式）を解いて近似解を求める.

Chapter 2

# 線形偏微分方程式の差分解法

線形偏微分方程式は楕円型，放物型，双曲型に分類されます．非圧縮性ナビエ・ストークス方程式を数値的に解く場合には，楕円型であるポアソン方程式と，放物型と双曲型が混じった移流拡散方程式を取り扱う必要があります．これらの方程式を差分法で解く場合には，１章の知識が役に立ちます．すなわち，ポアソン方程式は１章で述べた境界値問題の自然な拡張になり，移流拡散方程式は初期値問題が深く関係します．本章ではラプラス方程式，ポアソン方程式，拡散方程式，移流拡散方程式の順に説明することにします．

## 2.1 ラプラス方程式の解法

本節では，**ラプラス方程式**を例にとって差分法による偏微分方程式の解法を紹介します．図 2.1 に示すような 1 辺の長さが 1 の正方形領域内でラプラス方程式

$$\frac{\partial^2 u}{\partial x^2} + \frac{\partial^2 u}{\partial y^2} = 0 \quad (0 < x < 1, 0 < y < 1) \tag{2.1}$$

を考えます．境界条件としては辺 AB，BC 上で $u = 0$，辺 CD 上で $u = 8$，辺 DA 上で $u = 16$，すなわち

$$u(x, 0) = 0, \quad u(x, 1) = 16, \quad (0 \le x \le 1)$$
$$u(0, y) = 0, \quad u(1, y) = 8, \quad (0 \le y \le 1)$$

とします．

この問題の物理的な意味はつぎのとおりです．1 辺の長さが 1 の正方形の熱をよく通すうすい板を考えます．熱は板の内部には伝わるものの板に垂直な方向（外部空間）には伝わらないとします．また熱伝導率は板のどこでも一定であるとします．この板の左と下の辺の温度を 0，右の辺の温度を 8，上の辺の温度を 16 に保ったとします．板の内部の温度分布は初期の温度分布によって

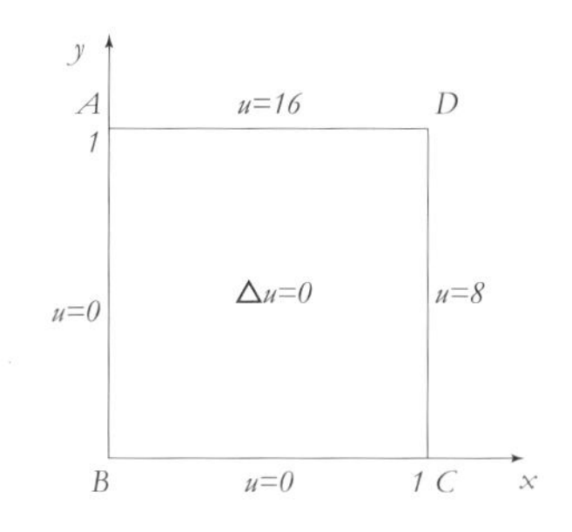


図 2.1　正方形領域内のラプラス方程式

異なりますが，十分に時間が経過した後では温度分布は時間変化しなくなります（**定常状態**または**熱平衡状態**）．そしてこの状態は初期の温度分布には関係しないと考えられます．$u$ を温度としたとき，そのような定常状態での温度分布を記述する方程式が式 (2.1) のラプラス方程式になります．

それでは，上の問題（境界における条件のもとで解くため**境界値問題**とよばれます）を差分法で解いてみます．差分法では 1.3 節で述べたように方程式が与えられた領域を**差分格子**とよばれる 4 辺形をした小さな格子に分割します．今の場合は領域が正方形なので格子に分割するのは簡単です．たとえば，図 2.1 の $x$ 方向に $M$ 等分，$y$ 方向に $N$ 等分すれば，それぞれが合同な $M \times N$ 個の長方形の格子ができます．ここでは，話を少し一般的にするために $M$ と $N$ は必ずしも等しくとらなくてもよいようにしていますが，もちろん $M = N$ とすれば正方形の格子になります．図 2.2 には $M = N = 10$ ととった場合の正方形格子（100 個）を示しています．ここで縦と横に引いた線を**格子線**，格子線の交点すなわち各格子の頂点のことを**格子点**とよびます．差分法では，この離散的な有限個の格子点上で偏微分方程式の近似解を求めます．もし格子点以外の点で方程式の近似解が必要になったときは，隣接した格子点からなんらかの補間法を用いてその値を計算することになります．

差分法では，各格子点を区別するために格子点番号を用います．2 次元問題では 2 次元の番号づけを行うのが便利で，たとえば図 2.2 において原点（左下隅）の格子点番号を $(0, 0)$ として順番に番号をつけます．このとき，図 2.2 の $Q$ 点は 0 番目からはじめて $x$ 方向に 4 番目，$y$ 方向に 3 番目の格子であるた

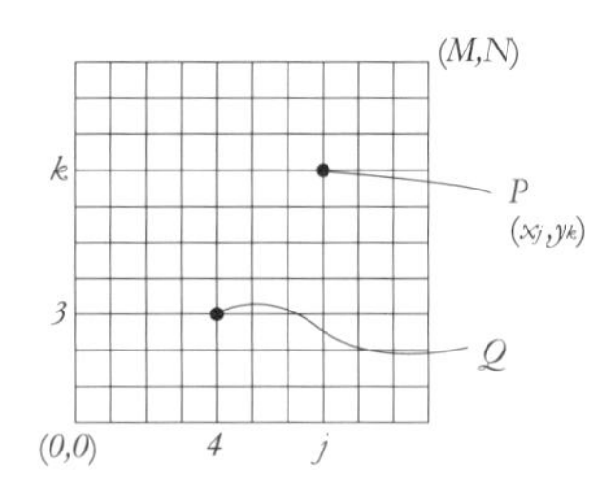


図 2.2　ラプラス方程式に対する差分格子

め，その格子点番号は $(4,3)$ になります．実際の座標は，$x$ 方向の格子間隔を $\Delta x = 1/M$，$y$ 方向の格子間隔を $\Delta y = 1/N$ とすれば，$(4\Delta x, 3\Delta y)$ となります．もちろん，図 2.2 では $\Delta x = \Delta y = 0.1$ です．図 2.2 の領域内の点 $P$ の格子点番号が $(j,k)$ であるとして，その実際の座標を $(x_j, y_k)$ とすれば

$$x_j = j\Delta x \quad y_k = k\Delta y$$

です．

差分法では記法を簡単にするため，格子点番号が $(j,k)$ の格子点での未知関数 $u(x,y)$ の差分近似値を 2 つの添え字をもった変数 $u_{j,k}$ で表します．すなわち

$$u_{j,k} \sim u(x_j, y_k) \tag{2.2}$$

です．ここで記号 $\sim$ は差分近似値を示しています．この記法を用いれば，点 $P$ の左右の隣接格子点での $u$ の近似値は $u_{j-1,k}, u_{j+1,k}$ となり，上下の隣接格子点での $u$ の近似値は $u_{j,k+1}, u_{j,k-1}$ となります．慣れないうちは，差分法といえば添え字がたくさん出てきてうんざりすることもありますが，慣れてしまえばたいへん便利な記法です．

上の約束のもとで境界条件は

$$u_{j,0} = 0, \quad u_{j,N} = 16 \quad (j = 0, 1, \cdots, M)$$
$$u_{0,k} = 0, \quad u_{M,k} = 8 \quad (k = 0, 1, \cdots, N)$$

と書けます．そこでもとの問題を解くにはこの条件およびもとの偏微分方程式を用いて領域内の $(M-1)\times(N-1)$ 個の格子点での $u$ の近似値 $u_{j,k}$（ただし，$j = 1, 2, \cdots, M-1$，$k = 1, 2, \cdots, N-1$）を求めます．

差分法では偏微分方程式を差分方程式に書き換えますが，この手続きは機械的にできます．具体的には2階微分のひとつの近似として

$$\frac{\partial^2 u}{\partial x^2} \sim \frac{u(x-\Delta x, y) - 2u(x,y) + u(x+\Delta x, y)}{(\Delta x)^2} \tag{2.3}$$

があるため，この式を利用します．式 (2.3) が成り立つ理由は，**テイラー展開**を利用すれば理解できます．すなわち

$$\begin{aligned} &u(x+\Delta x, y) \\ &= u(x,y) + \Delta x \frac{\partial u}{\partial x} + \frac{1}{2!}(\Delta x)^2 \frac{\partial^2 u}{\partial x^2} + \frac{1}{3!}(\Delta x)^3 \frac{\partial^3 u}{\partial x^3} + \frac{1}{4!}(\Delta x)^4 \frac{\partial^4 u}{\partial x^4} + \cdots \end{aligned}$$

$$\begin{aligned} &u(x-\Delta x, y) \\ &= u(x,y) - \Delta x \frac{\partial u}{\partial x} + \frac{1}{2!}(\Delta x)^2 \frac{\partial^2 u}{\partial x^2} - \frac{1}{3!}(\Delta x)^3 \frac{\partial^3 u}{\partial x^3} + \frac{1}{4!}(\Delta x)^4 \frac{\partial^4 u}{\partial x^4} + \cdots \end{aligned}$$

を式 (2.3) の右辺に代入すれば

$$\frac{u(x-\Delta x, y) - 2u(x,y) + u(x+\Delta x, y)}{(\Delta x)^2} = \frac{\partial^2 u}{\partial x^2} + \frac{2}{4!}(\Delta x)^2 \frac{\partial^4 u}{\partial x^4} + \cdots$$

となります．ここで，$\Delta x$ は小さな数であり，右辺の $\Delta x$ のベキは省略できるため式 (2.3) が成り立ちます．言い方を変えれば，式 (2.3) を用いた場合には $(\Delta x)^2$ 程度の誤差を含んでいる（他にも $(\Delta x)^4, (\Delta x)^6, \cdots$ の項もありますが，大きさは $(\Delta x)^2$ が一番大きい）ことになります．

同様に，$y$ に関する微分は

$$\frac{\partial^2 u}{\partial y^2} \sim \frac{u(x, y-\Delta y) - 2u(x,y) + u(x, y+\Delta y)}{(\Delta y)^2} \tag{2.4}$$

で近似できます．なお2階微分を式 (2.3)，(2.4) で近似する方法を中心差分近似とよんでいますが，差分近似はこの方法に限ったものではありません．

式 (2.3)，(2.4) の $(x,y)$ に $(j,k)$ 番目の格子点の座標 $(x_j, y_k)$ を代入すれば，$x_j \pm \Delta x = x_{j\pm1}$，$y_k \pm \Delta y = y_{k\pm1}$ であることに注意して

$$\left(\frac{\partial^2 u}{\partial x^2}\right)_{j,k} \sim \frac{u_{j-1,k} - 2u_{j,k} + u_{j+1,k}}{(\Delta x)^2} \tag{2.5}$$

$$\left(\frac{\partial^2 u}{\partial y^2}\right)_{j,k} \sim \frac{u_{j,k-1} - 2u_{j,k} + u_{j,k+1}}{(\Delta y)^2} \tag{2.6}$$

となります．したがって，もとの偏微分方程式は $(j, k)$ 番目の格子点 P において

$$\frac{u_{j-1,k} - 2u_{j,k} + u_{j+1,k}}{(\Delta x)^2} + \frac{u_{j,k-1} - 2u_{j,k} + u_{j,k+1}}{(\Delta y)^2} = 0 \tag{2.7}$$

と近似されます．点 $P$ は領域内のどこの格子点でもよいため，式 (2.7) は $(M-1) \times (N-1)$ 個の方程式を表しています．未知数 $u_{j,k}$ の数もやはり領域内の格子点数だけあるため，式 (2.7) は連立 $(M-1) \times (N-1)$ 元 1 次方程式であり，それを解くことにより近似解が求まります．

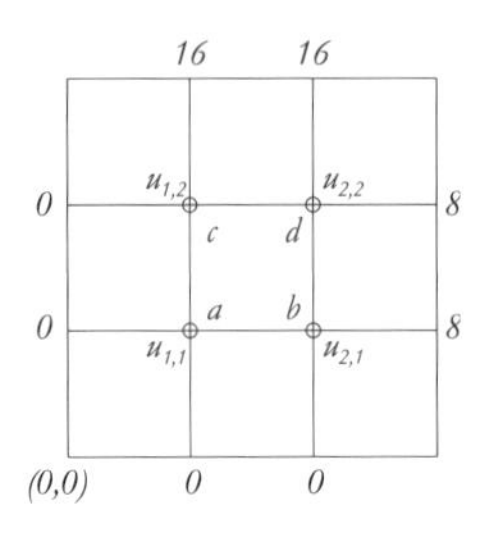


図 2.3　3 × 3 の格子

簡単のために領域を 3 等分（$M = N = 3$）した場合を考えてみます（図 2.3）．式 (2.7) を図の各点で書けば

$$\text{点 } a: \quad \frac{u_{0,1} - 2u_{1,1} + u_{2,1}}{(\Delta x)^2} + \frac{u_{1,0} - 2u_{1,1} + u_{1,2}}{(\Delta y)^2} = 0$$

$$\text{点 } b: \quad \frac{u_{1,1} - 2u_{2,1} + u_{3,1}}{(\Delta x)^2} + \frac{u_{2,0} - 2u_{2,1} + u_{2,2}}{(\Delta y)^2} = 0$$

$$\text{点 } c: \quad \frac{u_{0,2} - 2u_{1,2} + u_{2,2}}{(\Delta x)^2} + \frac{u_{1,1} - 2u_{1,2} + u_{1,3}}{(\Delta y)^2} = 0$$

$$\text{点 } d: \quad \frac{u_{1,2} - 2u_{2,2} + u_{3,2}}{(\Delta x)^2} + \frac{u_{2,1} - 2u_{2,2} + u_{2,3}}{(\Delta y)^2} = 0$$

となります．ここで $\Delta x = \Delta y = 1/3$ および境界条件

$$u_{1,0} = u_{2,0} = 0, \quad u_{1,3} = u_{2,3} = 16, \quad u_{0,1} = u_{0,2} = 0, \quad u_{3,1} = u_{3,2} = 8$$

を上式に代入すれば

$$
\begin{aligned}
&\text{点}\, a: \quad 0 - 2u_{1,1} + u_{2,1} + 0 - 2u_{1,1} + u_{1,2} = 0 \\
&\text{点}\, b: \quad u_{1,1} - 2u_{2,1} + 8 + 0 - 2u_{2,1} + u_{2,2} = 0 \\
&\text{点}\, c: \quad 0 - 2u_{1,2} + u_{2,2} + u_{1,1} - 2u_{1,2} + 16 = 0 \\
&\text{点}\, d: \quad u_{1,2} - 2u_{2,2} + 8 + u_{2,1} - 2u_{2,2} + 16 = 0
\end{aligned}
$$

という連立 4 元 1 次方程式になります．そこで，この方程式を解けば，

$$
u_{1,1} = 3,\ \ u_{2,1} = 5,\ \ u_{1,2} = 7,\ \ u_{2,2} = 9
$$

という近似解が得られます．格子を 10 等分しても考え方は同じで，その結果，連立 81 元 1 次方程式が得られるため，それを解くことになります．

以上の手続きをまとめれば，差分法を用いて偏微分方程式を解くためには，次の 3 段階の手続きを踏みます．

1. 解くべき領域を格子に分割する．
2. 偏微分方程式を格子点上で成り立つ差分方程式で近似する．
3. 差分方程式を解いて近似解を求める．

この中で手順 2. は微分を差分に置き換えるだけなので機械的にできます．ただし，微分を近似する差分は一通りではないので，どのような差分公式を用いるかについては，多少の経験が必要になります．指針がない場合にはふつう計算が簡単なものから選びます．

手順 3. では，領域内の格子点の数だけの連立方程式を解く必要があります．一方，手計算でできるのはせいぜい 4 元程度なので，手計算は実用的ではありません．一般に偏微分方程式を数値的に解く場合には，大型の連立代数方程式（多くの場合には連立 1 次方程式）を解く必要があります．数値解法のアイデアは古くからありましたが，近年になって急速に発展したのは，この大型の連立方程式がコンピュータによって実用的な時間内で解けるようになったためです．なお，連立 1 次方程式の数値解法については付録 B で述べます．

図 2.4 に $21 \times 21$ の格子点（400 元の連立 1 次方程式）を用いてはじめの問題を解いた結果です．図は 1 度きざみの**等温線**を表示しています．

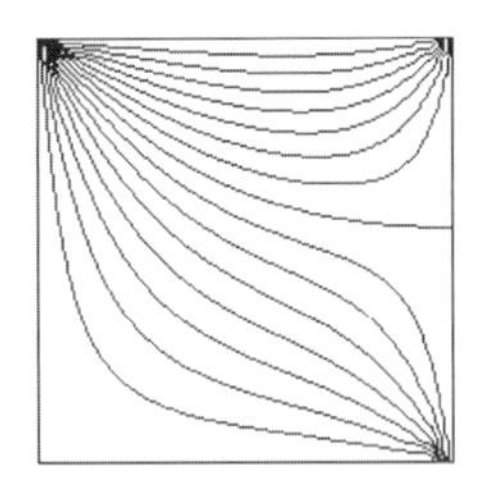

図 2.4　ラプラス方程式の解（$u$ の等値線）

## 2.2　ポアソン方程式の解法

前節で述べたラプラス方程式は領域内に熱源がない場合の熱平衡状態での温度分布を表す偏微分方程式です．平板内部のある部分で熱を補給したり，逆に吸い取ったりする場合には，発熱量や吸熱量に関係する既知関数 $-f(x,y)$ を用いることにより，熱平衡状態での温度分布は偏微分方程式

$$\frac{\partial^2 u}{\partial x^2}+\frac{\partial^2 u}{\partial y^2}=-f(x,y) \tag{2.8}$$

により支配されることが知られています（$f>0$ のとき発熱，$f<0$ のとき吸熱）．式 (2.8) を**ポアソン方程式**とよんでいます．

例として，前節と同じ領域において，

$$f(x,y)=80(x+y)$$

の場合に，差分法を用いて解を求めてみます．ただし，境界条件も前節と同じであるとします．前節と同じように領域を差分格子に分割すると，関数 $f(x,y)$ は既知であるため，各格子点において $f(x,y)$ の値が計算できます．いま $(j,k)$ 番目の格子点 $(x_j,y_k)$ での関数値を $f_{j,k}$ とします．すなわち

$$f_{j,k}=f(x_j,y_k)=80(x_j+y_k)$$

とします．このとき，ポアソン方程式の差分近似式は式 (2.7) に対応して，

$$\frac{u_{j-1,k}-u_{j,k}+u_{j+1,k}}{(\Delta x)^2}+\frac{u_{j,k-1}-u_{j,k}+u_{j,k+1}}{(\Delta y)^2}=-f_{j,k} \tag{2.9}$$

となります．この方程式は領域内部の格子点の数だけあります（前節と同じく $(M-1)\times(N-1)$ 個）．一方，境界上の格子点での $u$ の値は境界条件で与えられるため，未知数も領域内の格子点の数だけあります．方程式と未知数 $u_{j,k}$ の数が一致するため，連立 1 次方程式 (2.9) は解くことができ，近似解が求まります．

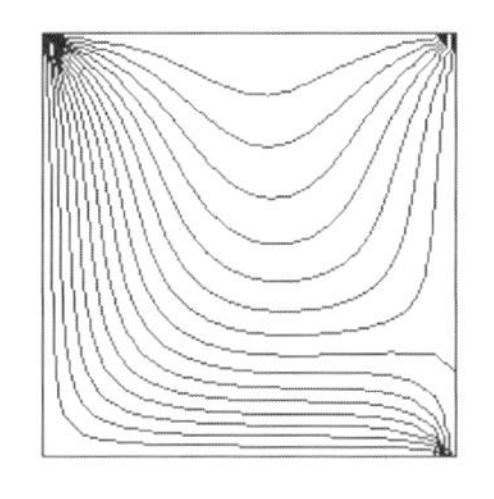

図 2.5　ポアソン方程式の解（$u$ の等値線）

図 2.5 には，計算結果を $u$ の等値線で表示しています．ただし，格子点数は $21\times 21$ です．

## 2.3　拡散方程式の解法

ラプラス方程式は時間を含まない偏微分方程式です．本節では時間に関して 1 階の微分を含む方程式の取り扱いを示します．

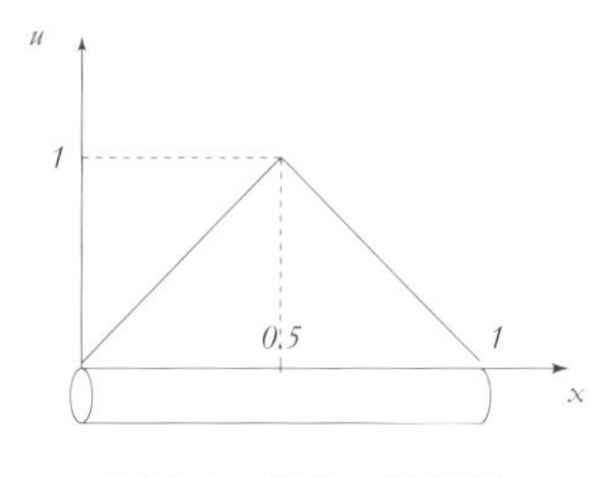


図 2.6　針金の熱伝導

有限な長さの針金内の温度分布を求める問題を考えます．ただし，前節のように熱平衡状態での温度を求めるのではなく，温度の時間変化を取り扱います．問題を具体的にするため，針金の長さを 1 として，針金の左端が 0，右端が 1 となるような座標系を考え，針金の両端で温度を 0 に保ったとします．さらに，時間が 0 で針金の中央において温度が 1 であり，両端に向かって直線的に温度が下がるような温度分布（図 2.6）を与えたとします．その後，時間とともに針金内の温度分布がどのように変化していくのかを考えてみます．針金内の温度を $u$ としたとき，温度は針金内の位置 $x$ と時間 $t$ によって変化すると考えられるため，$u$ は $x$ と $t$ の関数 $u(x,t)$ になります．このとき上で述べた条件は

$$u(0,t) = u(1,t) = 0 \quad (t > 0)$$
$$u(x,0) = 2x \;\; (0 \leq x \leq 0.5), \quad u(x,0) = 1 - 2x \;\; (0.5 \leq x \leq 1)$$

と書けます．はじめの条件は領域の境界における条件なので**境界条件**，2 番目の条件は時間初期の条件なので**初期条件**とよばれています．

針金内の温度の伝わり方は針金の材質によって異なりますが，針金内では場所によらずに一定であるとします．このとき，針金内の温度分布は **1 次元拡散方程式**（または **1 次元熱伝導方程式**）とよばれる偏微分方程式

$$\frac{\partial u}{\partial t} = k\frac{\partial^2 u}{\partial x^2} \quad (0 < x < 1, t > 0) \tag{2.10}$$

によって支配されることが知られています．ここで $k$ は熱の伝わりやすさを表す正の定数（**熱伝導率**）です．したがって，偏微分方程式を上で述べた初期条件・境界条件のもとで解くことになります（このような問題を**初期値・境界値問題**とよんでいます）．

差分法を用いてこの問題を解くには次のようにします．この場合にも基本的には前節の終わりで述べた 3 つの手順を踏みます．はじめに解くべき領域を格子に分割します．ラプラス方程式における $y$ を $t$ と考え，時間については $0 \leq t \leq T$ まで解くことにすれば，領域は横が 1，縦が $T$ の長方形領域になります．そこでこの領域を $x$ 方向に $M$ 等分，$t$ 方向に $N$ 等分すれば図 2.7 に示すような差分格子ができます．このとき，両方向の格子幅は $\Delta x = 1/M$，$\Delta t = T/N$ です．原点の格子番号を $(0,0)$ としたとき，図の点 $P$ での格子点番号が $(j,n)$ となったとします．点 $P$ での温度の近似値を，時間に関する添え字は上添え字にするという慣例にしたがい $u_j^n$ と記すことにします．すなわち，

$$u_j^n \sim u(j\Delta x, n\Delta t) \tag{2.11}$$

です．この記法を用いれば，境界条件と初期条件は

$$u_0^n = u_M^n = 0 \quad (0 \le n \le N)$$

$$u_j^0 = 2j\Delta x \ \ (0 \le j\Delta x \le 0.5), \quad u_j^0 = 1 - 2j\Delta x \ \ (0.5 \le j\Delta x \le 1)$$

となります．

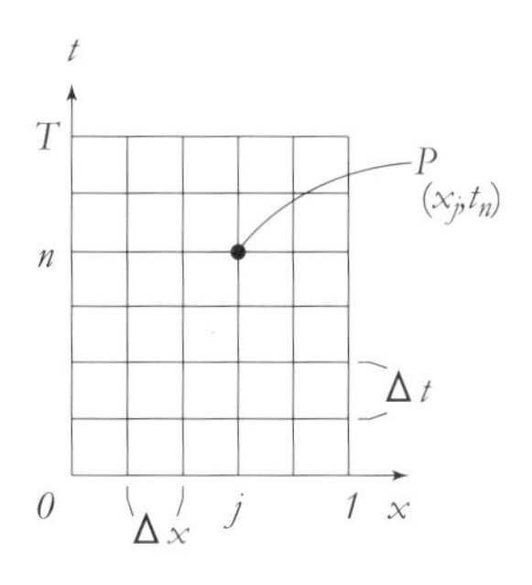


図 2.7　1 次元拡散方程式に対する格子

つぎに熱伝導方程式を差分近似してみます．$x$ に関する 2 階微分を式 (2.5) と同様に近似することにすれば

$$\left(\frac{\partial^2 u}{\partial x^2}\right)_j^n \sim \frac{u_{j-1}^n - u_j^n + u_{j+1}^n}{(\Delta x)^2} \tag{2.12}$$

となります．$t$ に関する微分は，微分の定義

$$\frac{\partial u}{\partial t} = \lim_{\Delta t \to 0} \frac{u(x, t + \Delta t) - u(x, t)}{\Delta t}$$

を用いて

$$\frac{\partial u}{\partial t} \sim \frac{u(x, t + \Delta t) - u(x, t)}{\Delta t}$$

と近似します．この近似を前進差分近似といいます．この式の $x$ と $t$ に，$(j, n)$ 番目の格子点での $x_j$，$t_n$ を代入して，$t_n + \Delta t = t_{n+1}$ に注意すれば

$$\left(\frac{\partial u}{\partial t}\right)_j^n \sim \frac{u_j^{n+1} - u_j^n}{\Delta t} \tag{2.13}$$

となります．式 (2.12)，(2.13) から

$$\frac{u_j^{n+1} - u_j^n}{\Delta t} = k\frac{u_{j-1}^n - u_j^n + u_{j+1}^n}{(\Delta x)^2}$$

あるいは式を整理して

$$u_j^{n+1} = ru_{j-1}^n + (1-2r)u_j^n + u_{j+1}^n \quad \left(\text{ただし，} r = \frac{k\Delta t}{(\Delta x)^2}\right) \qquad (2.14)$$

が成り立ちます．式 (2.14) が 1 次元熱伝導方程式のひとつの差分近似式になります．

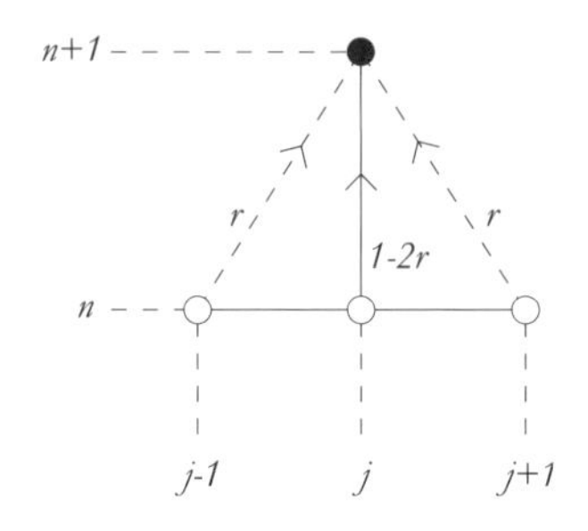


図 2.8　式 (2.14) の構造

ラプラス方程式では，差分方程式は連立 1 次方程式でした．しかし，1 次元熱伝導方程式から上に述べた方法で作った差分方程式は，連立方程式というより**漸化式**の形をしており，代入計算だけで次々に解が求まります．このことを示すために，式 (2.14) の構造を図 2.8 に示します．この図から，時間ステップ $n+1$ での $u$ の値が，時間ステップ $n$ での隣接 3 点から決まることがわかります．一方，初期条件から $u_j^0$ の値はすべて与えられています．そこで図 2.9 に示すようにして，$u_j^1$ の値が，両端の格子点を除いてすべて決まります．一方，両端では境界条件によって $u$ の値が与えられているため，値を決める必要はありません．したがって，$u_j^1$ の値がすべての格子点で決まります．次に，この値および境界条件を用いると，上と全く同様にして $u_j^2$ の値がすべて決まり，以下，この手続きは何回でも続けることができるため，任意のステップ $n$ での値が決まります．

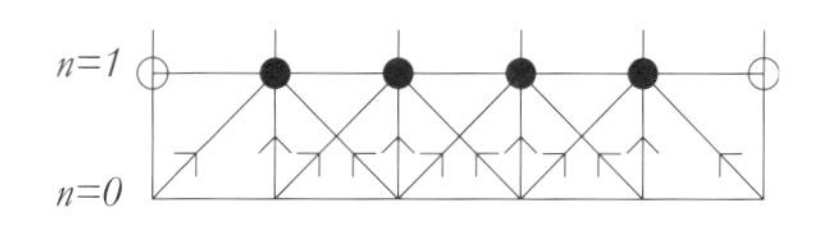


図 2.9　拡散方程式の解の決まり方

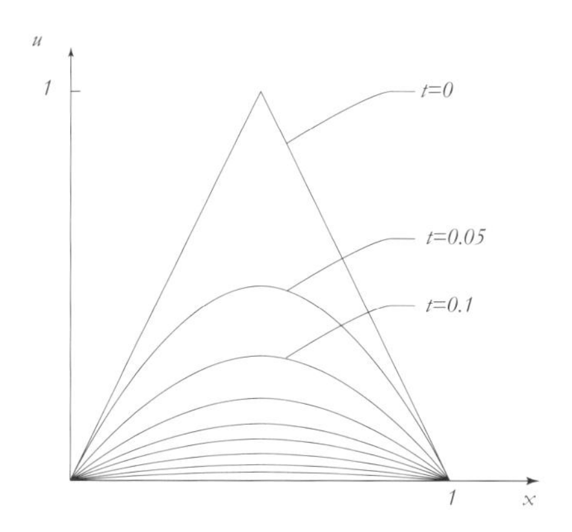


図 2.10　1 次元拡散方程式の解の例

図 2.10 に，$k = 1$，$\Delta t = 0.002$，$\Delta x = 0.1$ すなわち $r = 0.2$ ととった場合の計算結果を線で結んだものを示します．初期の温度が両端から冷えるため，徐々に山の高さが低くなっていく様子が見てとれます．なお，最終的には熱がすべて両端から外に伝わって針金全体で温度が 0 になります．

このように熱伝導方程式では，連立方程式を解くことなく，近似解が $\Delta t$ 刻みに次々に計算できます．ここで述べた方法は**オイラー陽解法**とよばれ，時間の 1 階微分を含んだ方程式の解法にしばしば適用されます．なお，オイラー陽解法では，式 (2.14) に含まれるパラメータ $r$ を 1/2 以下にとらないと，解が発散して意味のある解が得られないことが知られています．

次に**平板の熱伝導**問題を考えてみます．2.2 節で考えた問題と同じく，1 辺の長さが 1 の熱伝導率が一定の板に，各辺で図 2.1 と同じ温度を与えたとします．そして，初期の温度をすべて 0 とした場合に平板内の温度分布 $u(x, y, t)$ が時間的にどのように変化するかを求めることにします．このとき，支配方程式と境界条件・初期条件は

$$
\begin{aligned}
\frac{\partial u}{\partial t} = k\left(\frac{\partial^2 u}{\partial x^2} + \frac{\partial^2 u}{\partial y^2}\right) & \quad (0 < x < 1, 0 < y < 1, t > 0) \\
u(0,y,t) = 0, \quad u(1,y,t) = 8, & \quad (0 \leq y \leq 1,\ t > 0) \\
u(x,0,t) = 0, \quad u(x,1,t) = 16, & \quad (0 \leq x \leq 1,\ t > 0) \\
u(x,y,0) = 0, & \quad (0 < x < 1,\ 0 < y < 1)
\end{aligned} \tag{2.15}
$$

となります．ここで $k$ は熱伝導率です．

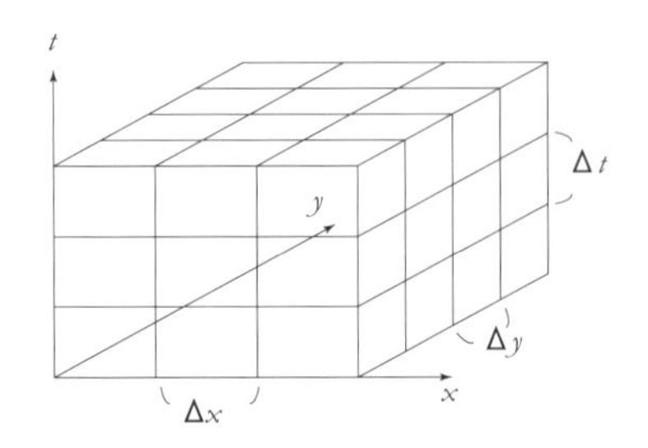


図 2.11　2 次元拡散方程式に対する格子

この問題は 2 次元になっただけで，1 次元の場合と全く同様に解くことができます．解くべき領域は，時間軸を鉛直上方にとれば，図 2.11 に示すような直方体になります．この領域を各方向に等分割して差分格子をつくれば，格子は微小な直方体になり，格子点は 3 つの整数の組で指定されます．いま点 P の格子点番号を $(j,k,n)$，対応する座標を $(x_j, y_k, t_n)$ とします．また，この点 P での温度の近似値を $u_{j,k}^n$ と記すことにします．すなわち，

$$
u_{j,k}^n \sim u(x_j, y_k, t_n)
$$

とします．

次に偏微分方程式を差分近似してみます．$x, y, t$ 方向の格子幅を $\Delta x, \Delta y, \Delta t$ とすれば

$$
\begin{aligned}
\left(\frac{\partial u}{\partial t}\right)_{j,k}^{n} &\sim \frac{u(x_j, y_k, t_n+\Delta t) - u(x_j, y_k, t_n)}{\Delta t} \sim \frac{u_{j,k}^{n+1} - u_{j,k}^{n}}{\Delta t} \\
\left(\frac{\partial^2 u}{\partial x^2}\right)_{j,k}^{n} &\sim \frac{u(x_j+\Delta x, y_k, t_n) - 2u(x_j, y_k, t_n) + u(x_j-\Delta x, y_k, t_n)}{(\Delta x)^2} \\
&\sim \frac{u_{j+1,k}^{n} - 2u_{j,k}^{n} + u_{j-1,k}^{n}}{(\Delta x)^2} \\
\left(\frac{\partial^2 u}{\partial y^2}\right)_{j,k}^{n} &\sim \frac{u(x_j, y_k+\Delta y, t_n) - 2u(x_j, y_k, t_n) + u(x_j, y_k-\Delta y, t_n)}{(\Delta y)^2} \\
&\sim \frac{u_{j,k+1}^{n} - 2u_{j,k}^{n} + u_{j,k-1}^{n}}{(\Delta y)^2}
\end{aligned}
$$

であるため，**2 次元熱伝導方程式**は

$$
\frac{u_{j,k}^{n+1} - u_{j,k}^{n}}{\Delta t} = k\frac{u_{j+1,k}^{n} - 2u_{j,k}^{n} + u_{j-1,k}^{n}}{(\Delta x)^2} + k\frac{u_{j,k+1}^{n} - 2u_{j,k}^{n} + u_{j,k-1}^{n}}{(\Delta y)^2}
$$

または

$$
u_{j,k}^{n+1} = u_{j,k}^{n} + r(u_{j+1,k}^{n} - 2u_{j,k}^{n} + u_{j-1,k}^{n}) + s(u_{j,k+1}^{n} - 2u_{j,k}^{n} + u_{j,k-1}^{n}) \quad (2.16)
$$

と近似されます．ただし

$$
r = \frac{k\Delta t}{(\Delta x)^2}, \quad s = \frac{k\Delta t}{(\Delta y)^2}
$$

です．原点の格子点番号を $(0,0,0)$ として，$x, y, t$ 方向の格子点数を $J, K, N$ とすれば，式 (2.16) は

$$
1 \le j \le J-1 \quad ,1 \le k \le K-1, \quad ,1 \le n \le N-1
$$

に対して成り立ちます．

初期条件は $n = 0$ のときの条件であるため

$$
u_{j,k}^{0} = 0 \quad (0 \le j \le J \quad ,0 \le k \le K)
$$

となり，境界条件は

$$
\begin{aligned}
u_{j,0}^{n} = 0, \quad u_{j,K}^{n} = 16 \quad (0 \le j \le J \quad ,0 \le n \le N) \\
u_{0,k}^{n} = 0, \quad u_{J,k}^{n} = 8 \quad (0 \le k \le K \quad ,0 \le n \le N)
\end{aligned}
$$

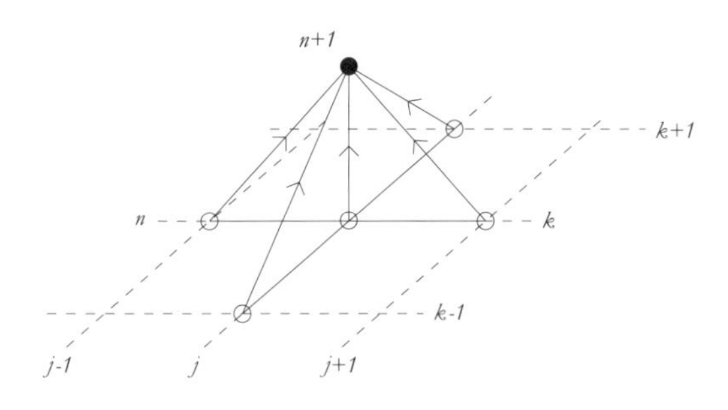


図 2.12　式 (2.16) の構造

となります．図 2.11 でいえば，初期条件は底面での $u$ を指定する条件であり，また境界条件により側面での $u$ が指定されることになります．

差分方程式 (2.16) の構造を図 2.12 に示します．図から時間ステップ $n+1$ での $u$ の値は時間ステップ $n$ での隣接した 5 点の $u$ の値から計算できることがわかります．一方，初期条件から底面での $u$ の値が与えられているため，$n=1$ の面での $u$ の値が（1 次元熱伝導方程式と同様にして）境界を除いて計算できます．除外された境界での $u$ の値は境界条件で与えられているため計算する必要はありません．そこで $n=1$ のすべての $u$ の値が計算できます．以下，$n=1$ の値と境界条件を用いて $n=2$ での値がすべて計算でき，$n=2$ の値と境界条件から $n=3$ での値がすべて計算でき，同様にいくらでも時間ステップを増やすことができます．このような手続きを繰り返すことによって，2 次元熱伝導方程式の解が時間発展的に次々に求まります．

ここで述べた方法も 1 次元の場合と同様に**オイラー陽解法**とよばれます．この方法は単純ですが，$\Delta x, \Delta y, \Delta t, k$ の間に

$$r+s=\frac{k\Delta t}{(\Delta x)^2}+\frac{k\Delta t}{(\Delta y)^2}\leq\frac{1}{2}$$

という関係を満たす場合に限って，意味のある近似解が得られることが知られています．一般に，$\Delta x, \Delta y$ は小さな値なので，オイラー陽解法を使うためには $\Delta t$ をかなり小さくとる必要があります．

図 2.13 に計算結果を，$u$ の等値線（等温線）で示しています．格子点数はラプラス方程式と同様 $21\times21$ です．また $k=1$，$\Delta t=0.001$ としています．図

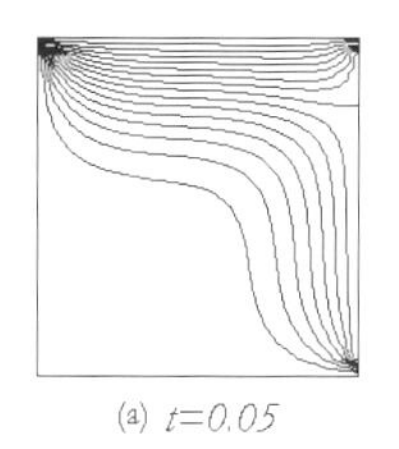

(a) $t$=0.05

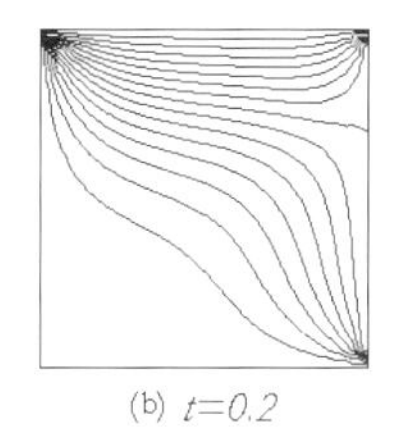

(b) $t$=0.2

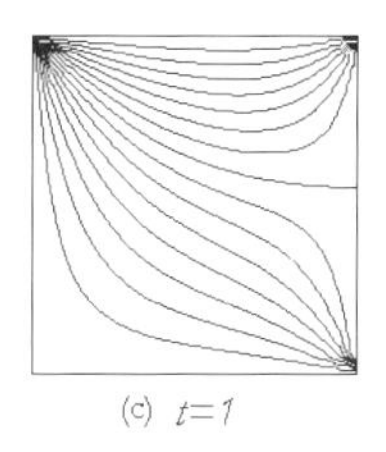

(c) $t$=1

図 2.13　2 次元拡散方程式の解の例

(a) は 50 ステップ後 (b) は 200 ステップ後，(c) は 1000 ステップ後の図です．境界から徐々に内部に熱が伝わっていく様子がみてとれます．なお，およそ 500 ステップ以降は温度分布はほとんど変化しません．これは時間的に定常な状態に達したことを意味しています．式の上では定常状態は $\partial u/\partial t = 0$ で表せるため，2 次元熱伝導方程式は前節で考えたラプラス方程式になります．実際，図 (c) は図 2.4 とほぼ同じです．このことは，ラプラス方程式は熱伝導方程式を定常になるまで解くことによっても解が得られることを示しています．

## 2.4　移流拡散方程式の解法

熱伝導方程式は固体だけではなく液体や気体（まとめて流体とよばれます）の熱伝導も記述する方程式です．一方，固体と流体の差は，流体は容易に変形して移動する点にあります．熱は流体の移動によっても運ばれるため，流体内の熱の伝わり方を考えるためには，この効果を含める必要があります．厳密にいえば，熱が流体とともに移動することによって流体の密度を変化させ，その結果，浮力を発生させます．この浮力が流体の運動を変化させることになります．いいかえれば，熱の移動と流体の運動は連動しているため，両者を一緒に議論する必要があります．しかし，浮力が小さくて無視できるような場合には，熱は流れによって一方的に運ばれると考えられます（このような現象を**強制対流**とよびます）．本節では 2 次元の強制対流問題を考えることにします．

強制対流問題では流体の流速はあらかじめ与えられています．それを $\boldsymbol{v} = (u, v)$ とします．このとき流体内の温度分布（$T(x, y, t)$ とします）は，次式で表せる**移流拡散方程式**に従って変化します:

$$\frac{\partial T}{\partial t} + u\frac{\partial T}{\partial x} + v\frac{\partial T}{\partial y} = k\left(\frac{\partial^2 T}{\partial x^2} + \frac{\partial^2 T}{\partial y^2}\right) \tag{2.17}$$

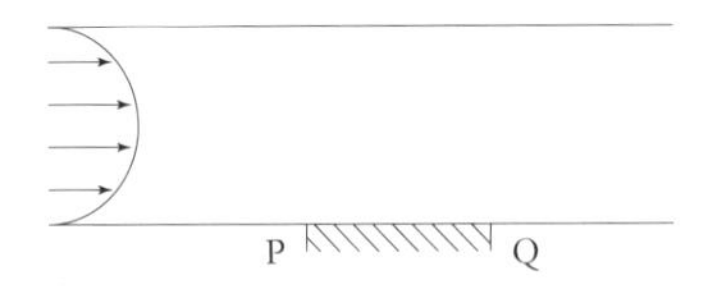


図 2.14　移流拡散問題

例として水路の境界の一部が熱せられた場合に水路の中の温度分布を求める問題を考えてみます．図 2.14 に示すような細長い長方形をした領域を考え境界の一部の温度を高くしておきます．熱は伝導によって流体内に伝わるだけではなく，流れとともに左から右へ伝わります．ここで水路のなかの速度分布は水路を横切る方向には 2 次関数で表せ（**ポアズイユ流**），流れ方向ではどの断面でも同じ速度分布をもっているとします．水路幅を 1，中央の最大流速を 1 とし，流れ方向を $x$ 軸，水路幅方向を $y$ 軸にとると，流速は

$$u = 4y(1-y), \quad v = 0$$

となります．温度の境界条件は上下の壁面で一定値であるとしますが、熱せられている場所（図の PQ）では他の壁面より温度を高く保ちます．また上流では一定温度，下流では流れ方向の温度勾配が 0 という条件（**断熱条件**）を課すことにします．初期条件としては熱しなかった場合の上流側の一定温度を全領域で課すことにします．

式 (2.17) の差分化において，空間に関する 1 階微分が現われますが，ここでは中心差分近似

$$\left(\frac{\partial T}{\partial x}\right)_{j,k}^{n} \sim \frac{T(x_j+\Delta x, y_k, t_n) - T(x_j-\Delta x, y_k, t_n)}{2\Delta x} \sim \frac{T_{j+1,k}^{n} - T_{j-1,k}^{n}}{2\Delta x}$$

を用いることにします（この近似が成り立つことは 2 番目の式の各項を点 $(x_j, y_k, t_n)$ のまわりにテイラー展開することにより確かめられます）．同様に

$$\left(\frac{\partial T}{\partial y}\right)_{j,k}^{n} \sim \frac{T_{j,k+1}^{n} - T_{j,k-1}^{n}}{2\Delta y}$$

と近似します．それ以外の項は前節と同じ近似を用いれば，式 (2.17) に対する差分近似式として

$$\frac{T_{j,k}^{n+1} - T_{j,k}^{n}}{\Delta t} + u_{j,k}\frac{T_{j+1,k}^{n} - T_{j-1,k}^{n}}{2\Delta x} + v_{j,k}\frac{T_{j,k+1}^{n} - T_{j,k-1}^{n}}{2\Delta y}$$
$$= k\frac{T_{j+1,k}^{n} - 2T_{j,k}^{n} + T_{j-1,k}^{n}}{(\Delta x)^2} + k\frac{T_{j,k+1}^{n} - 2T_{j,k}^{n} + T_{j,k-1}^{n}}{(\Delta y)^2}$$

または

$$\begin{aligned} T_{j,k}^{n+1} &= T_{j,k}^{n} - au_{j,k}(T_{j+1,k}^{n} - T_{j-1,k}^{n}) - bv_{j,k}(T_{j,k+1}^{n} - T_{j,k-1}^{n}) \\ &\quad + r(T_{j+1,k}^{n} - 2T_{j,k}^{n} + T_{j-1,k}^{n}) + s(T_{j,k+1}^{n} - 2T_{j,k}^{n} + T_{j,k-1}^{n}) \end{aligned} \tag{2.18}$$

が得られます．ただし

$$a = \frac{\Delta t}{2\Delta x}, \quad b = \frac{\Delta t}{2\Delta y}, \quad r = \frac{k\Delta t}{(\Delta x)^2}, \quad s = \frac{k\Delta t}{(\Delta y)^2}$$

です．この場合の差分式の構造は図 2.12 と全く同じ（各格子点からの寄与分は異なりますが，同じ格子点を使います）であるため，前節と同じようにして境界条件と初期条件を与えて解くことができます．ただし，境界条件の中で断熱条件を流出口で与えたことが前節と異なります．これらについては以下のように取り扱います．

断熱条件は，境界上での格子点とひとつ内側の格子点での $T$ の値が等しいことを示しています．そこで式 (2.18) を用いる場合には，境界よりひとつ内側の格子点ではこのことを取り込んだ式を用います．たとえば，$j = M - 1$ は境界よりひとつ内側であり，境界条件は $T_{M,k} = T_{M-1,k}$ を意味します．そこでこの条件を式 (2.18) に取り込めば

$$\begin{aligned} T_{M-1,k}^{n+1} &= T_{M-1,k}^{n} - au_{M-1,k}(T_{M-1,k}^{n} - T_{M-2,k}^{n}) \\ &\quad - bv_{M-1,k}(T_{M-1,k+1}^{n} - T_{M-1,k-1}^{n}) + r(T_{M-1,k}^{n} - 2T_{M-1,k}^{n} + T_{M-2,k}^{n}) \\ &\quad + s(T_{M-1,k+1}^{n} - 2T_{M-1,k}^{n} + T_{M-1,k-1}^{n}) \end{aligned} \tag{2.19}$$

となるため，$j = M - 1$ ではこの式を使います．

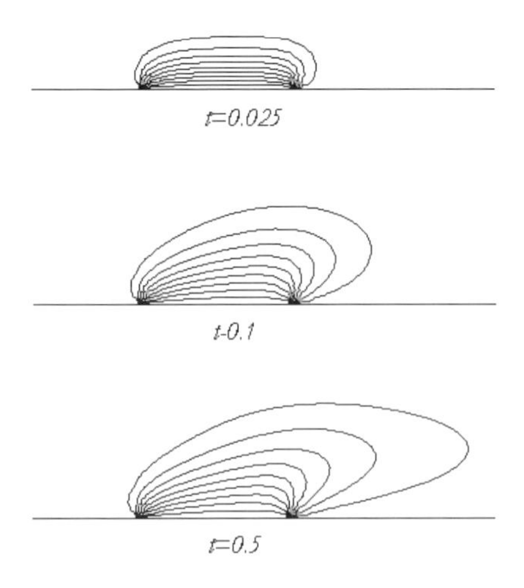


図 2.15　移流拡散方程式の解の例（$T$ の等値線）

以上の計算方法を用いて計算した結果を図 2.15 に示します．格子数は $40 \times 20$ であり，$\Delta t = 0.0005$，$\Delta x = 0.1$，$\Delta y = 0.05$ としています．50，200，1000 ステップでの温度分布を示しますが，熱が左から右に流されながら拡散していく様子が表されています．

Chapter 3

# 簡単な流れのシミュレーション

いままでの知識があれば非圧縮性ナビエ・ストークス方程式を，差分法を用いてともかく解くことができます．本章では数値解法の本質を理解するため，長方形や立方体内の流れであるキャビティ流れという最も単純な領域内の流れを例にとって非圧縮性ナビエ・ストークス方程式の代表的な3つの解法についてわかりやすく説明します．

## 3.1　キャビティ流れ

前章では偏微分方程式を差分法で解くということがどのようなことかを示す目的でラプラス方程式（ポアソン方程式），1次元（2次元）拡散方程式および移流拡散方程式を例にとって解説しました．本章では簡単な流れの数値シミュレーション法を説明しますが，その場合にポアソン方程式および移流拡散方程式の解法が基本になります．本章ではじめに考える問題は2次元**正方形キャビティ内の流れ**で，以下のような問題です．

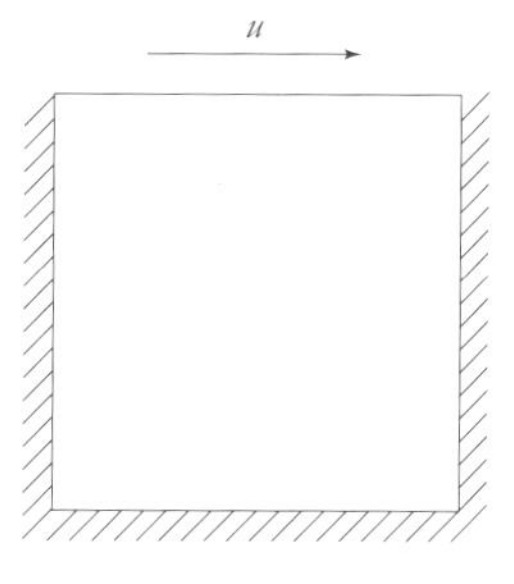


図 3.1　正方形キャビティ

図 3.1 に示すような正方形形状の領域を考え，その中に流体が満たされているとします．この正方形の3つの辺は固定された壁であり，残りの1辺（上

壁）は動くことのできる壁であるとします．いま，上壁を一定速度で右に動かしたとすると，壁近くの流体（水や空気）はそれに引きずられて動き出します．この流体は右壁に向かって進みますが，壁を通り抜けることが出来ないため，下方向に曲げられます．さらにこの曲げられた流体は下に壁があるためもう一度進行方向右側（図の左側）に曲げられ，上の壁の動きと逆向きの流れが生じます．一方，上壁の左側では流体が動き出すためその不足分を補うように下から流体が流入します．この流れは左下方に流体の不足を生みだすため，右から流れ込みますが，この流れも上の壁が動く方向と逆方向を向いています．したがって，最終的には図 3.2 に示すような循環する流れが，正方形内にできると考えられます．キャビティ問題とはこのような流れ（**キャビティ流れ**）を求める問題です．現実の状況にあてはめてみれば，キャビティ流れは，図 3.3(a) に示すように，直線状の川に川岸に沿って正方形形状のくぼみがある場合のくぼみ内の流れ，あるいは図 3.3(b) に示すように流路の底に，流れ方向に垂直に溝があった場合の溝の中の流れとして近似的に実現されると考えられます．

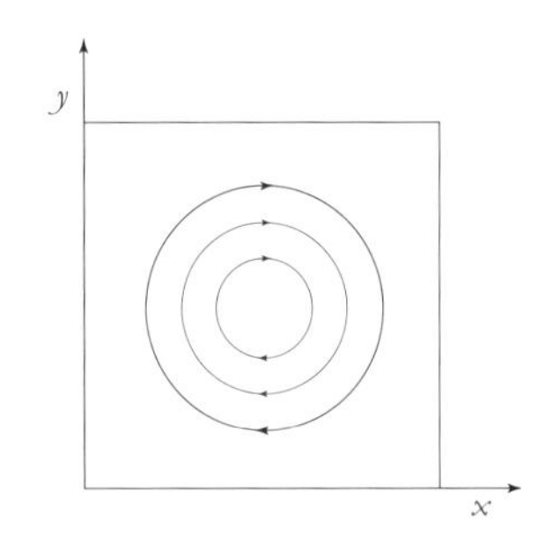


図 3.2　正方形キャビティ内の流れ（概念図）

われわれが日常に目にする流れの流速は，音速に比べて十分に小さいのが普通です．このような流れは**非圧縮性ナビエ・ストクース方程式**

$$\nabla \cdot \boldsymbol{v} = 0 \tag{3.1}$$

$$\frac{\partial \boldsymbol{v}}{\partial t} + (\boldsymbol{v} \cdot \nabla)\boldsymbol{v} = -\frac{1}{\rho}\nabla p + \frac{\mu}{\rho}\nabla^2 \boldsymbol{v} + \boldsymbol{F} \tag{3.2}$$

に支配されます．ここで，$\boldsymbol{v}$ は流速ベクトル，$p$ は圧力，$\rho$ は密度，$\mu$ は粘性率（一定と仮定），$\boldsymbol{F}$ は単位質量あたりの外力です．式 (3.1) は流体の質量の保存

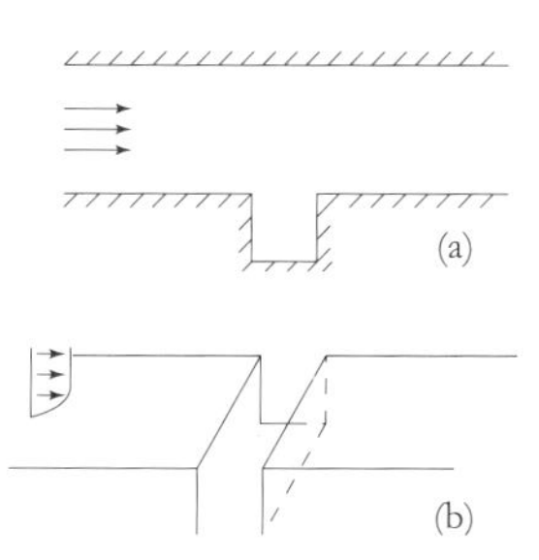


図 3.3　正方形キャビティ内流れが実現される例

を表し**連続の式**ともよばれ，また式 (3.2) は流体の運動量の保存を表し，**運動方程式**ともよばれます．以下では密度が一定で外力もない場合を考えます．さらに流れは 2 次元的であるとします．2 次元という意味は，キャビティ流れでは，図 3.2 において紙面に垂直方向には流れが変化しないと仮定することを意味しています．たとえば，図 3.3(b) の場合には，溝の軸に垂直な断面内の流れを考える限り，どの断面でも同じ現象が起こっていると考えられるため 2 次元流れになります．このとき，式 (3.1)，(3.2) は

$$\frac{\partial u}{\partial x}+\frac{\partial v}{\partial y}=0 \tag{3.3}$$

$$\frac{\partial u}{\partial t}+u\frac{\partial u}{\partial x}+v\frac{\partial u}{\partial y}=-\frac{\partial \varphi}{\partial x}+\nu\left(\frac{\partial^2 u}{\partial x^2}+\frac{\partial^2 u}{\partial y^2}\right) \tag{3.4}$$

$$\frac{\partial v}{\partial t}+u\frac{\partial v}{\partial x}+v\frac{\partial v}{\partial y}=-\frac{\partial \varphi}{\partial y}+\nu\left(\frac{\partial^2 v}{\partial x^2}+\frac{\partial^2 v}{\partial y^2}\right) \tag{3.5}$$

となります．ここで $u$，$v$ は速度の $x$，$y$ 成分，$\varphi$ は $p/\rho$，$\nu$ は $\mu/\rho$（**動粘性率**とよばれます）です．式 (3.3)，(3.4)，(3.5) の未知数は $u$，$v$，$\varphi$ の 3 つで，方程式の数と一致しています．そこで，これらの方程式を適当な初期条件・境界条件のもとで解けば流れが決まることになります．

2 次元のキャビティ問題を具体的に解くために，正方形の一辺を 1 m とし，上の壁を毎秒 1 m の速さで動かすとします．座標系としては，図 3.2 に示すようにとります．このとき境界条件は，

$$u(x,0) = v(x,0) = u(0,y) = v(0,y) = u(1,y) = v(1,y) = 0$$
$$u(x,1) = 1, \quad v(x,1) = 0 \tag{3.6}$$

となります．

## 3.2　流れ関数－渦度法

非圧縮性の 2 次元流れを支配する方程式 (3.3),(3.4),(3.5) を差分法を用いて解く場合にしばしば使われる方法に**流れ関数－渦度法**とよばれる方法があります．この方法は 2 次元流れに適用が限られますが，連続の方程式 (3.3) が厳密に満たされるという点で他の方法にはない長所をもっています．

流れ関数－渦度法では次式で定義される**流れ関数** $\psi$ を用います：

$$u = \frac{\partial \psi}{\partial y}, \quad v = -\frac{\partial \psi}{\partial x} \tag{3.7}$$

このとき，**連続の式** (3.3) は

$$\frac{\partial u}{\partial x} + \frac{\partial v}{\partial y} = \frac{\partial^2 \psi}{\partial x \partial y} - \frac{\partial^2 \psi}{\partial y \partial x} = 0$$

となるため，この流れ関数を用いることによって厳密に満足されることがわかります．いいかえれば，流れ関数を用いれば連続の式を考える必要はありません．また，以下に示すように流れ関数が一定の曲線（流れ関数の等値線）は**流線**と一致するという重要な性質があります．

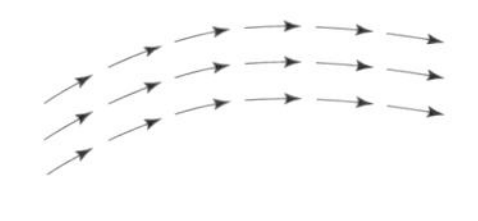

図 3.4　流線

流れている流体は，各部分で流速をもっています．流速（速度）はベクトル量であるため矢印で表示できます．そこで，流体の各部分に流速に応じて小さな矢印を描いてみます．矢印を描く点が十分に密であれば図 3.4 に示すように矢印を連ねた線が描けます．この曲線を流線とよんでいます．流れは流線に

沿って流れるため，流線を横切ることはありません．流線の上の微小な線素を表すベクトルを $d\boldsymbol{r}$ としたとき，定義から $d\boldsymbol{r}$ とその点での流速 $\boldsymbol{v}$ は平行になっています．このことを成分で書けば

$$\frac{dx}{u} = \frac{dy}{v}, \quad \text{または} \quad udy - vdx = 0$$

となります．この式に流れ関数の定義 (3.7) を代入すれば，流線上で

$$0 = udy - vdx = \frac{\partial \psi}{\partial y}dy + \frac{\partial \psi}{\partial x}dx = d\psi$$

したがって，

$$\psi = \text{一定} \quad \text{（流線上）}$$

となります．

次に運動方程式から圧力を消去することを考えてみます．そのために式 (3.5) を $x$ で微分したものから，式 (3.4) を $y$ で微分したものを引きます．このとき，連続の式 (3.3) を用いると，

$$\frac{\partial \omega}{\partial t} + u\frac{\partial \omega}{\partial x} + v\frac{\partial \omega}{\partial y} = \nu\left(\frac{\partial^2 \omega}{\partial x^2} + \frac{\partial^2 \omega}{\partial y^2}\right)$$

すなわち，

$$\frac{\partial \omega}{\partial t} + \frac{\partial \psi}{\partial y}\frac{\partial \omega}{\partial x} - \frac{\partial \psi}{\partial x}\frac{\partial \omega}{\partial y} = \nu\left(\frac{\partial^2 \omega}{\partial x^2} + \frac{\partial^2 \omega}{\partial y^2}\right) \tag{3.8}$$

が得られます．ただし，

$$\omega = \frac{\partial v}{\partial x} - \frac{\partial u}{\partial y} \tag{3.9}$$

です．式 (3.9) は速度 $\boldsymbol{v}$ を 3 次元ベクトルと考えたとき，$\nabla \times \boldsymbol{v}$ の $z$ 成分になっていますが，物理的には流体の微小部分の回転に関係する量であり，**渦度**とよばれています．また式 (3.8) は**渦度輸送方程式**とよばれます．式 (3.9) の速度成分を流れ関数を用いて表せば

$$\frac{\partial^2 \psi}{\partial x^2} + \frac{\partial^2 \psi}{\partial y^2} = -\omega \tag{3.10}$$

となります．式 (3.8) と式 (3.10) は未知関数 $\psi$，$\omega$ に関する閉じた方程式になっており，2 つの方程式を連立させて解くことができます．そこで，流れの

基礎方程式に方程式 (3.8) と式 (3.10) を用いる方法を流れ関数－渦度法とよんでいます．

流れ関数－渦度法では流れ関数と渦度の初期条件と境界条件を与えることによって時間発展的に解を求めていくことができます．具体的には，まず領域内の渦度の初期条件と流れ関数の境界条件を与えれば，式 (3.10) のポアソン方程式を解くことによって領域内の流れ関数の値が定まります．ポアソン方程式の解き方はすでに前章で示しました．得られた流れ関数を式 (3.8) に代入すれば，式 (3.8) は渦度だけが未知の渦度に関する移流拡散方程式になるため，やはり前章で示した方法で解くことができ，微小な時間 $\Delta t$ 後の渦度が求まります．これは初期の渦度とは異なるため，式 (3.10) をもう一度解いて対応する流れ関数を求めます．さらにこの流れ関数を用いて，次の時間での渦度を求めます．以下同様にして

$$(3.8) \to (3.10) \to (3.8) \to (3.10) \to \cdots$$

の順に解が時間間隔 $\Delta t$ ごとに求めることになります．式 (3.8), (3.10) を標準的な方法（時間に関して**前進差分**，空間に関して**中心差分**）を用いて差分化すれば

$$\begin{aligned}\frac{\omega_{j,k}^{n+1}-\omega_{j,k}}{\Delta t} &= \frac{1}{4\Delta x\Delta y}\times \\ &\{(\psi_{j+1,k}-\psi_{j-1,k})(\omega_{j,k+1}-\omega_{j,k-1})-(\psi_{j,k+1}-\psi_{j,k-1})(\omega_{j+1,k}-\omega_{j-1,k})\} \\ &+\nu\left\{\frac{\omega_{j-1,k}-2\omega_{j,k}+\omega_{j+1,k}}{(\Delta x)^2}+\frac{\omega_{j,k-1}-2\omega_{j,k}+\omega_{j,k+1}}{(\Delta y)^2}\right\}\end{aligned}$$

$$\frac{\psi_{j-1,k}-2\psi_{j,k}+\psi_{j+1,k}}{(\Delta x)^2}+\frac{\psi_{j,k-1}-2\psi_{j,k}+\psi_{j,k+1}}{(\Delta y)^2}=-\omega_{j,k}$$

となります．ただし時間に関する上添字 $n$ は省略しています．この方程式を図 3.5 に示すような格子で解くことになります．

流れの初期条件や境界条件はふつう速度に関して与えられます．そこで流れ関数－渦度法では速度の条件を流れ関数あるいは渦度の条件に翻訳して用いることになります．粘性をもつ流体は，壁面では流体と壁の間に相対速度は生じません（**粘着条件**）．そこでもし壁が静止していれば流体も静止しており，壁が動いていれば流体もそれと同じ速度で動きます．キャビティ問題では底面およ

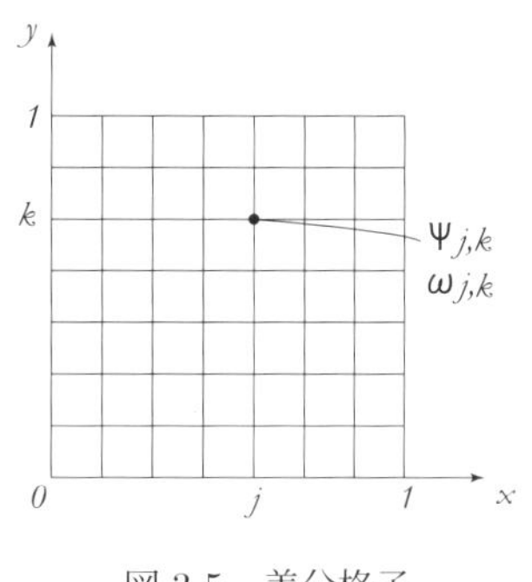


図 3.5　差分格子

び側面の壁は静止しており，上の壁は一定速度で $x$ 方向に動いています．流れ関数の定義式にこの速度の条件を代入すれば，各面で流れ関数の値は一定値であることがわかります．この結果は流体が壁に入り込めないことに注意すれば計算しなくても直ちに導けます．なぜなら，流線は壁面と一致するからです．4 つの壁面で流れ関数の値は必ずしも等しくなくてもよいように見えますが，角の点で速度が無限に大きくならないためには，4 つの壁で流れ関数の値は同じである必要があります．なお，流れ関数は微分方程式には導関数の形でしか現れないため，流れ関数の値には定数の不定性があります（$\psi$ と $\psi+c$ は同じ方程式を満たします）．そこで壁面で流れ関数の値を 0 としても一般性を失わないません．以上の考察から，キャビティ問題における壁面上の流れ関数の境界条件は 0 となります．

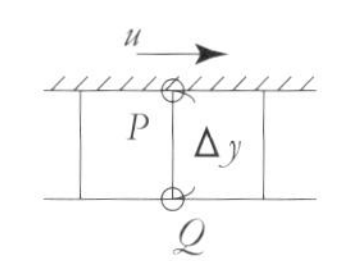


図 3.6　壁面での渦度の境界条件

渦度の境界条件は，流れ関数の境界条件と矛盾しないように決める必要があります．以下にその決め方を示します．差分法で方程式を解くため差分の形で考えてみます．図 3.6 に示すように動いている壁からひとつ内側の格子点 Q に着目して，その格子点における流れ関数を壁面上の点 P の周りにテイラー展開します：

$$\psi_Q = \psi_P - \Delta y \frac{\partial \psi}{\partial y} + \frac{(\Delta y)^2}{2} \frac{\partial^2 \psi}{\partial y^2} + O((\Delta y)^3)$$

ここで，壁面上では

$$\frac{\partial \psi}{\partial y} = u = 1, \quad \psi = 0$$

であるため，$(\Delta y)^3$ より高次の項を無視すれば

$$\frac{\partial^2 \psi}{\partial y^2} = \frac{2(\psi_Q + \Delta y)}{(\Delta y)^2} \tag{3.11}$$

となります．さらに，壁面に沿って

$$u = \frac{\partial \psi}{\partial x} = 0, \quad \text{したがって} \quad \frac{\partial^2 \psi}{\partial x^2} = 0$$

が成り立つため，これらを式 (3.10) に代入すれば式 (3.11) の左辺は点 P での渦度 $\omega_P$(の符号を逆にしたもの) であることがわかります．したがって，上の壁での**渦度の境界条件**は

$$\omega_P = -\frac{2(\psi_Q + \Delta y)}{(\Delta y)^2} \tag{3.12}$$

となります．同様に考え，下の壁では $u = 0$ であることを考慮すれば，境界条件は

$$\omega_P = -\frac{2\psi_Q}{(\Delta y)^2} \tag{3.13}$$

です．左右の壁も同じで，両方とも

$$\omega_P = -\frac{2\psi_Q}{(\Delta x)^2} \tag{3.14}$$

となります．ただし，$\psi_Q$ は境界よりひとつ内側の格子点での値を示しています．

渦度の初期条件は，初期に流体は静止しているため，速度が 0 の条件を渦度の定義式に代入して

$$\omega = 0 \quad \text{（全領域）} \tag{3.15}$$

となります．

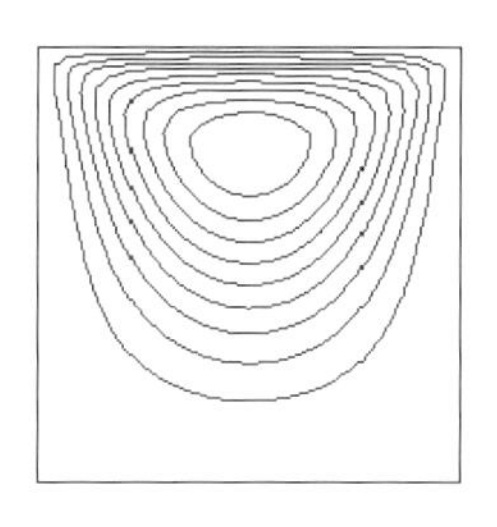

図 3.7　正方形キャビティ内流れの流線（$\nu = 0.2$）

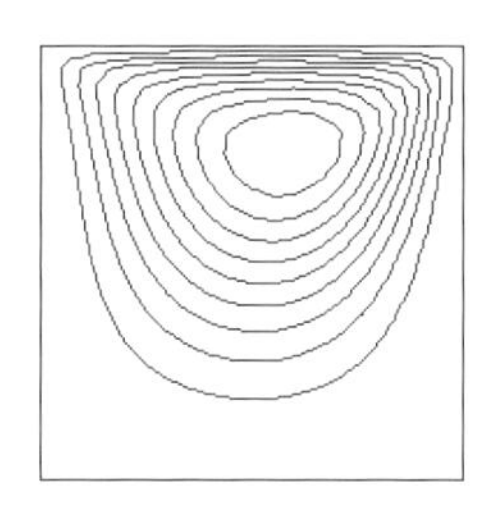

図 3.8　正方形キャビティ内流れの流線（$\nu = 0.025$）

図 3.7 と図 3.8 に格子が $21 \times 21$ のときの計算結果を示します．図 3.7 は $\nu = 0.2\mathrm{m}^2/\mathrm{s}$ の場合で，十分に時間ステップが経過して流れが定常状態に達したと思われる時間での流線を示したものです．また，図 3.8 は $\nu = 0.025\mathrm{m}^2/\mathrm{s}$ の場合の図 3.7 に対応する結果です．これらの図から，粘性率が小さくなるほど渦の中心が右上方に移動することがわかります．

## 3.3　MAC 法とフラクショナルステップ法

流れ関数－渦度法は連続の式を厳密に満足するという大きな長所がありますが，圧力を消去しているため，境界条件として圧力に関する条件が課された場合には適用が難しくなります．さらに，流れ関数は 2 次元流れに対してのみ存在するため，3 次元流れを取り扱えないという大きな欠点もあります．本節では，ナビエ・ストークス方程式をもとの変数（速度と圧力）について解く方法のなかで比較的簡便な 2 つの方法を紹介します．

はじめに **MAC 法**について説明します．式 (3.2)（外力は省略）の時間微分項を速度について前進差分（式 (2.13)）で近似すれば，

$$\frac{\boldsymbol{v}^{n+1}-\boldsymbol{v}^{n}}{\Delta t}+(\boldsymbol{v}^{n}\cdot\nabla)\boldsymbol{v}^{n}=-\nabla\varphi^{n+1}+\nu\nabla^{2}\boldsymbol{v}^{n}$$

すなわち，

$$\boldsymbol{v}^{n+1}=\boldsymbol{v}^{n}+\Delta t(-(\boldsymbol{v}^{n}\cdot\nabla)\boldsymbol{v}^{n}-\nabla\varphi^{n+1}+\nu\nabla^{2}\boldsymbol{v}^{n}) \tag{3.16}$$

となります．ただし，圧力は未知であることを強調するため上添字は $n+1$ にしています．この圧力を求めるために連続の式 (3.1) を利用します．すなわち，式 (3.16) の両辺の発散をとります．

$$\nabla\cdot\boldsymbol{v}^{n+1}=\nabla\cdot\boldsymbol{v}^{n}+\Delta t(-\nabla\cdot[(\boldsymbol{v}^{n}\cdot\nabla)\boldsymbol{v}^{n}]-\nabla^{2}\varphi^{n+1}+\nu\nabla^{2}[\nabla\cdot\boldsymbol{v}^{n}]) \tag{3.17}$$

このとき，左辺は 0 になります．一方，右辺の第 1 項と最終項も連続の式から 0 になるはずですが，数値計算では常に誤差があること，さらに $\boldsymbol{v}^{n}$ から $\nabla\cdot\boldsymbol{v}^{n}$ が計算できるという理由から，そのまま残しておきます．このようにすることにより，現時点（$n$ ステップ）で誤差があったとしても次の時点（$n+1$ ステップ）ではその誤差も考慮に入れて連続の式が満足されるようになります．いいかえれば，時間ステップが進行しても連続の式の誤差を小さくとどめておくことができます．式 (3.17) の左辺を 0 とした式を

$$\nabla^{2}\varphi^{n+1}=\nabla\cdot\boldsymbol{v}^{n}/\Delta t-\nabla\cdot[(\boldsymbol{v}^{n}\cdot\nabla)\boldsymbol{v}^{n}]+\nu\nabla^{2}[\nabla\cdot\boldsymbol{v}^{n}] \tag{3.18}$$

と書き換えると，これは未知の圧力に関するポアソン方程式になっていることがわかります．右辺は現時点での速度から計算できるため，この方程式を解くことによって圧力が決定できます．なお，式 (3.18) の右辺において第 1 項と第 3 項を比較すると，通常 $\Delta t$ は非常に小さいため，第 1 項が圧倒的に大きくなります．したがって，第 3 項を省略して

$$\nabla^{2}\varphi^{n+1}=\nabla\cdot\boldsymbol{v}^{n}/\Delta t-\nabla\cdot[(\boldsymbol{v}^{n}\cdot\nabla)\boldsymbol{v}^{n}] \tag{3.19}$$

としてもほとんど式 (3.18) と差はありません．

以上をまとめると MAC 法ではある時間ステップ $n$ での速度を用いて式 (3.19)(または式 (3.18)) の右辺を計算して，このポアソン方程式を解いて圧力

を決めます．つぎにこの圧力と $n$ ステップでの速度から，式 (3.16) を用いて次の時間ステップでの速度を求めます．この手順を初期条件からはじめて時間発展的に繰り返して各時刻の速度，圧力を順次計算します．

次に**フラクショナルステップ法**を説明します．式 (3.2) から圧力項を取り除いた式を考えます．MAC 法と同様に，この式の時間微分項を前進差分で近似すれば

$$\frac{\boldsymbol{v}^* - \boldsymbol{v}^n}{\Delta t} + (\boldsymbol{v}^n \cdot \nabla)\boldsymbol{v}^n = \nu \nabla^2 \boldsymbol{v}^n$$

すなわち，

$$\boldsymbol{v}^* = \boldsymbol{v}^n + \Delta t(-(\boldsymbol{v}^n \cdot \nabla)\boldsymbol{v}^n + \nu \nabla^2 \boldsymbol{v}^n) \tag{3.20}$$

となります．ここで，$\boldsymbol{v}^*$ は $\Delta t$ 後の速度ベクトルに近いものの，もとの運動方程式を解いて得られたものではないため，**仮速度**という意味で星印をつけています．

圧力はこの仮速度を用いて，次のポアソン方程式から決めます：

$$\nabla^2 \varphi = \frac{\nabla \cdot \boldsymbol{v}^*}{\Delta t} \tag{3.21}$$

さらに，次の時間ステップでの速度 $\boldsymbol{v}^{n+1}$ は圧力および仮速度 $\boldsymbol{v}^*$ から

$$\boldsymbol{v}^{n+1} = \boldsymbol{v}^* - \Delta t \nabla \varphi \tag{3.22}$$

を用いて決めます．式 (3.21)，(3.22) の意味は次のとおりです．式 (3.20) を式 (3.22) に代入すれば，運動方程式 (3.2) の時間微分を前進差分で近似した方程式に一致します（オイラー陽解法）．一方，式 (3.22) の両辺の発散をとれば，連続の式 (3.1) から $\nabla \cdot \boldsymbol{v}^{n+1} = 0$ となるため

$$0 = \nabla \cdot \boldsymbol{v}^{n+1} = \nabla \cdot \boldsymbol{v}^* - \Delta t \nabla^2 \varphi$$

となります．この式は式 (3.21) と同じものです．

以上をまとめるとフラクショナルステップ法ではある時間ステップでの速度を用いて式 (3.20) から仮速度 $\boldsymbol{v}^*$ を求め，次に式 (3.21) のポアソン方程式から圧力を計算します．そして，仮速度と圧力から，式 (3.22) を用いて次の時間ステップでの速度を求めます．この手順を初期条件からはじめて時間発展的に繰り返して各時刻の速度，圧力を順次計算します．

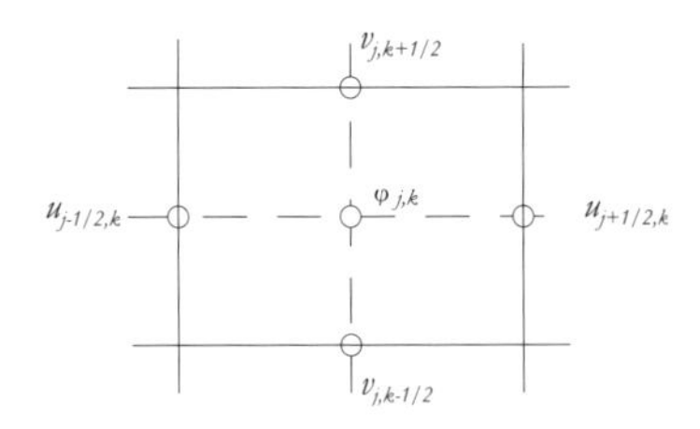


図 3.9　スタガード格子 (2 次元)

具体的に，前節で取り上げた 2 次元キャビティ問題を，フラクショナルステップ法で解いてみます．流れ関数－渦度法では流れ関数と渦度は同じ格子点上で定義されました．このような格子を**通常格子**といいます．フラクショナルステップ法では図 3.9 に示すように，各速度成分と圧力を半格子ずれた別の格子点で評価する**スタガード格子**を用います．それは，方程式を差分近似した場合，質量の出入りを表す $\nabla \cdot \boldsymbol{v}$ がひとつの格子で表されることや，圧力勾配の $x$ 方向（$y$ 方向）成分が $x$ 方向（$y$ 方向）の速度を決めるという運動方程式の物理的な意味が自然に表現されるからです．

式 (3.20) を差分近似すれば

$$
\begin{aligned}
u^{*}_{j+1/2,k} &= u^{n}_{j+1/2,k} \\
&+ \Delta t \Biggl\{ -u^{n}_{j+1/2,k} \frac{u^{n}_{j+3/2,k} - u^{n}_{j-1/2,k}}{2\Delta x} - v^{n}_{j+1/2,k} \frac{u^{n}_{j+1/2,k+1} - u^{n}_{j+1/2,k-1}}{2\Delta y} \\
&+\nu \left( \frac{u^{n}_{j+3/2,k} - 2u^{n}_{j+1/2,k} + u^{n}_{j-1/2,k}}{(\Delta x)^2} + \frac{u^{n}_{j+1/2,k+1} - 2u^{n}_{j+1/2,k} + u^{n}_{j+1/2,k-1}}{(\Delta y)^2} \right) \Biggr\}
\end{aligned}
\tag{3.23}
$$

$$
\begin{aligned}
v^{*}_{j,k+1/2} &= v^{n}_{j,k+1/2} \\
&+ \Delta t \Biggl\{ -u^{n}_{j,k+1/2} \frac{v^{n}_{j+1,k+1/2} - v^{n}_{j-1,k+1/2}}{2\Delta x} - v^{n}_{j,k+1/2} \frac{v^{n}_{j,k+3/2} - v^{n}_{j,k-1/2}}{2\Delta y} \\
&+\nu \left( \frac{v^{n}_{j+1,k+1/2} - 2v^{n}_{j,k+1/2} + v^{n}_{j-1,k+1/2}}{(\Delta x)^2} + \frac{v^{n}_{j,k+3/2} - 2v^{n}_{j,k+1/2} + v^{n}_{j,k-1/2}}{(\Delta y)^2} \right) \Biggr\}
\end{aligned}
\tag{3.24}
$$

となります．ここで格子点上にない速度成分は次式から計算します．

$$
v^{n}_{j+1/2,k} = \frac{1}{4} \left( v^{n}_{j,k-1/2} + v^{n}_{j,k+1/2} + v^{n}_{j+1,k-1/2} + v^{n}_{j+1,k+1/2} \right) \tag{3.25}
$$

$$u^n_{j,k+1/2} = \frac{1}{4}(u^n_{j-1/2,k} + u^n_{j+1/2,k} + u^n_{j-1/2,k+1} + u^n_{j+1/2,k+1}) \tag{3.26}$$

この式を用いて領域内の格子点で仮の速度を求めます．

次に圧力のポアソン方程式は

$$\frac{\varphi^n_{j+1,k} - 2\varphi^n_{j,k} + \varphi^n_{j-1,k}}{(\Delta x)^2} + \frac{\varphi^n_{j,k+1} - 2\varphi^n_{j,k} + \varphi^n_{j,k-1}}{(\Delta y)^2} = D_{j,k}$$

ただし

$$D_{j,k} = \frac{1}{\Delta t}\left(\frac{u^*_{j+1/2,k} - u^*_{j-1/2,k}}{\Delta x} + \frac{v^*_{j,k+1/2} - v^*_{j,k-1/2}}{\Delta y}\right) \tag{3.27}$$

と近似されるため，この式を $\varphi_{j,k}$ について解いて，反復式

$$\varphi'_{j,k} = \frac{(\Delta x)^2(\Delta y)^2}{2((\Delta x)^2 + (\Delta y)^2)} \times \left(\frac{\varphi^n_{j+1,k} + \varphi'_{j-1,k}}{(\Delta x)^2} + \frac{\varphi^n_{j,k+1} + \varphi'_{j,k-1}}{(\Delta y)^2} - D_{j,k}\right) \tag{3.28}$$

をつくります．ここで右辺の $\varphi$ は反復前の圧力，左辺の $\varphi'$ は 1 回反復後の圧力です．この反復を各格子点について行い，反復前後の $\varphi$ と $\varphi'$ が変化しなくなるまで繰り返します．

次の時間ステップでの速度は

$$u^{n+1}_{j+1/2,k} = u^*_{j+1/2,k} - \Delta t \frac{\varphi^n_{j+1,k} - \varphi^n_{j,k}}{\Delta x} \tag{3.29}$$

$$v^{n+1}_{j,k+1/2} = v^*_{j,k+1/2} - \Delta t \frac{\varphi^n_{j,k+1} - \varphi^n_{j,k}}{\Delta y} \tag{3.30}$$

から計算します．

境界条件は以下のようになります．スタガード格子を用いたために壁の位置をどこにとるかが問題になりますが，ふつうは図 3.10 に示すように壁面と垂直方向の速度成分が壁面上にくるようにとります．上に記した差分近似式で壁面近くの格子における物理量を計算する場合，計算には壁面の内部の格子点での値まで必要になります．このような場合には，壁面内部に仮想点を設けて境界条件を課すことになります．このとき，壁面に平行な速度成分は壁面をはさんで符号を逆にします．速度成分が直線的に変化しているとすれば，この条件

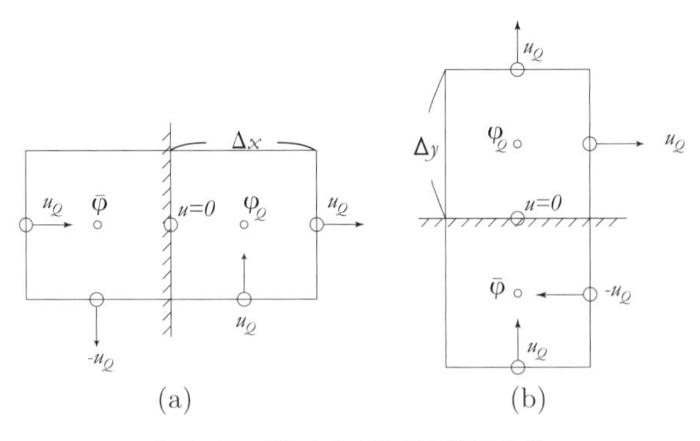


図 3.10　壁面での速度の境界条件

は壁面上でちょうど速度が 0 になることを意味しています．一方，壁面に垂直方向の速度は同じ大きさにとります．このようにとることで壁面をはさんだ両格子で連続の式が満たされます．圧力の境界条件は速度の境界条件を運動方程式に代入して決めます．たとえば，図 3.10(a) の場合には

$$\overline{\varphi} = \varphi_Q - \frac{2\nu u_Q}{\Delta x}$$

となります．なお，境界での仮速度は境界での速度と同じにします．

図 3.11 は $\nu = 0.2\mathrm{m}^2/\mathrm{s}$ の場合で，十分に時間ステップが経過して流れが定常状態に達したと思われる時間での速度ベクトルと等圧線を示したものです．また，図 3.12 は $\nu = 0.025\mathrm{m}^2/\mathrm{s}$ の場合の図 3.11 に対応する結果です．

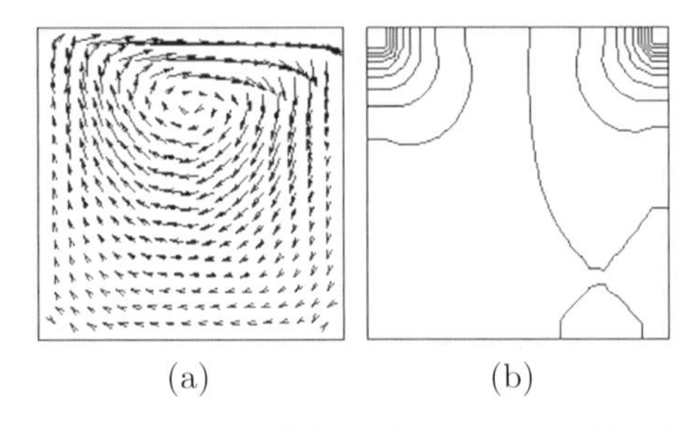


図 3.11　正方形キャビティ内流れの速度ベクトルと等圧線（$\nu = 0.2$）

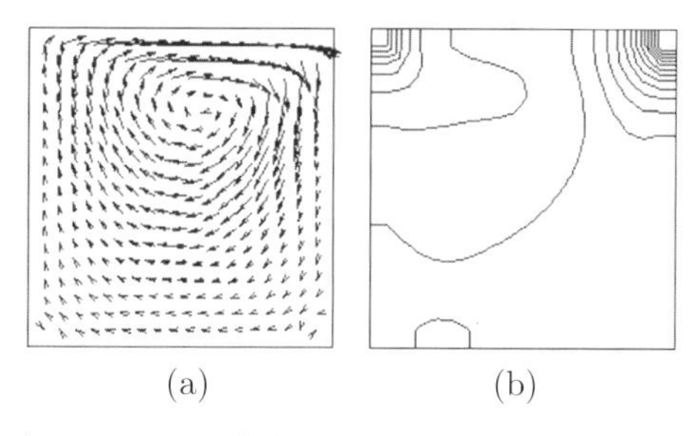


図 3.12　正方形キャビティ内流れの速度ベクトルと等圧線（$\nu = 0.025$）

## 3.4　フラクショナルステップ法の変形

MAC 法やフラクショナルステップ法の欠点として，連続の式を精度よく満足させるのが難しいことがあげられます．それは，圧力に関するポアソン方程式を反復法で解く場合に収束がよくないことが原因ですが，このことは境界条件に関連します．すなわち，圧力のポアソン方程式の境界条件は，すべての境界において圧力の微分の形で与えられることが多く，数学でいうノイマン条件（第 2 種境界条件）になります．その場合，圧力 $\varphi$ に定数 $C$ を加えても，同じ微分方程式と境界条件を満足するため，反復を繰り返しても値が落ち着かない（収束しない）ためです．このことを回避するには，境界上に 1 つだけ格子点を選び，その格子点において圧力を指定すると状況が改善します．

別の方法として，圧力勾配を未知数にとることも考えられます．以下にこのことについて 2 次元の場合について説明します．なお，偏微分は下添え字で表すことにします．前述のとおり MAC 法やフラクショナルステップ法では，圧力のポアソン方程式

$$\varphi_{xx} + \varphi_{yy} = Q \tag{3.31}$$

を解きます．いま，$m = \varphi_x$，$n = \varphi_y$ とおけば，式 (3.31) は

$$m_x + n_y = Q \tag{3.32}$$

となり，また $m$ と $n$ の間には

$$m_y = n_x \tag{3.33}$$

という関係があります．式 (3.32) を $x$ で微分して，式 (3.33) を使って $n$ を消去すれば

$$m_{xx} + m_{yy} = Q_x \tag{3.34}$$

となり，同様に式 (3.32) を $y$ で微分して，式 (3.33) を使って $m$ を消去すれば

$$n_{xx} + n_{yy} = Q_y \tag{3.35}$$

が得られます．これらはポアソン方程式ですが，圧力に関する境界条件がノイマン条件の場合は，$m$ や $n$ の値が指定されるため，これらの方程式に対してはディリクレ条件（第１種境界条件）を課すことになります．流れ関数－渦度法が解きやすかったのは流れ関数に対するポアソン方程式がディリクレ条件だったためで，上記の方法はこの利点を受け継いでいます．

以上は原理的な話ですが，実際問題に上記の方法を適用する場合にはいくつか注意すべき点があります．まず，ポアソン方程式は MAC 法とフラクショナルステップ法の両方に現れますが，上記の方法はポアソン方程式の右辺を微分しています．高階微分は精度を損ねる場合が多いため，ポアソン方程式の右辺は簡単ものがよく，その意味でフラクショナルステップ法に適用するのがよいと考えられます．その場合，式 (3.34) および式 (3.35) の右辺は仮速度 $u^*, v^*$ を用いて

$$Q_x = u^*_{xx} + v^*_{yx}, \qquad Q_y = u^*_{xy} + v^*_{yy} \tag{3.36}$$

となります．これらの差分近似式は図 3.9 を参照すれば

$$(Q_x)_{j+1/2,k} = \frac{u^*_{j+3/2,k} - 2u^*_{j+1/2,k} + u^*_{j-1/2,k}}{(\Delta x)^2} + \frac{v^*_{j+1,k+1/2} - v^*_{j+1,k-1/2} - v^*_{j,k+1/2} + v^*_{j,k-1/2}}{\Delta x \Delta y}$$

$$(Q_y)_{j,k+1/2} = \frac{u^*_{j+1/2,k+1} - u^*_{j-1/2,k+1} - u^*_{j+1/2,k} + u^*_{j-1/2,k}}{\Delta x \Delta y} + \frac{v^*_{j,k+3/2} - 2v^*_{j,k+1/2} + v^*_{j,k-1/2}}{(\Delta y)^2} \tag{3.37}$$

となります．もうひとつの注意点は，式 (3.34) と式 (3.35) のどちらを選ぶかということですが，$m$ と $n$ そして $\varphi$ も平等に扱うことが望ましいと考えられ

ます．そこで，時間に関して第1ステップではもとの方法で圧力を決め，第2ステップでは式 (3.34) を解いて $m$ を求め，第3ステップでは式 (3.35) を解いて $n$ を求めて，以下この3段階のステップを繰り返します．少なくとも第2，第3ステップでのポアソン方程式の反復回数は少なくなるため全体としての計算時間は短縮されます．

次に前節でとりあげた2次元キャビティ問題を例にとって上述の方法を具体的に説明します．式 (3.34) を解く場合，$x$ 軸に垂直な壁における境界条件は $x$ 方向のナビエ・ストークス方程式を使って得られる式 (3.14) に対応して

$$m_{wall} = 2\nu u_Q/(\Delta x)^2 \tag{3.38}$$

となります（ディリクレ条件）．ただし，添え字 $Q$ は壁面より1点流体側の格子点を表します．一方，$x$ 軸に平行な壁の境界条件は式 (3.33) より

$$(m_{wall} - m_Q)/\Delta y = n_x$$

すなわち

$$m_{wall} = m_Q + n_x \Delta y \tag{3.39}$$

となります．ただし壁面上の $n$ は $y$ 方向のナビエ・ストークス方程式より

$$n_{wall} = 2\nu v_Q/(\Delta y)^2$$

となるため，この値を使って壁面上で微分を計算して式 (3.39) の右辺を計算します．同様にこれらの境界条件は $y$ 軸に垂直な壁と平行な壁でそれぞれ

$$n_{wall} = 2\nu v_Q/(\Delta y)^2, \quad n_{wall} = n_Q + m_y \Delta x \tag{3.40}$$

であり，$m_y$ は式 (3.38) を用いて決めます．

## 3.5　立方体キャビティ内の流れ

今まで述べた流れの例はすべて2次元でした．本節では3次元流れの取り扱いを示すために立方体形状をしたキャビティ内の流れ，すなわち**立方体キャビティ流れ**を取り上げます．これは図3.13に示すような立方体に流体が満たされているときひとつの面を動かした場合に発生する流れで，正方形キャビティ

流れに奥行きをもたせたような流れです．この流れをフラクショナルステップ法を用いて求めてみます．3.2 節の式 (3.20)，(3.21)，(3.22) はベクトル形で表現されており，3 次元でもそのまま使えます．具体的にデカルト座標で表せば，速度成分を $(u, v, w)$ として，式 (3.20) は

$$\begin{aligned} u^* &= u + \Delta t\{-uu_x - vu_y - wu_z + \nu(u_{xx} + u_{yy} + u_{zz})\} \\ v^* &= v + \Delta t\{-uv_x - vv_y - wv_z + \nu(v_{xx} + v_{yy} + v_{zz})\} \\ w^* &= w + \Delta t\{-uw_x - vw_y - ww_z + \nu(w_{xx} + w_{yy} + w_{zz})\} \end{aligned} \tag{3.41}$$

となります．ただし，下添字はその文字に関する微分を表し，また時間ステップに対する上添字 $n$ は省略しています．同様に，式 (3.21)，(3.22) は

$$\varphi_{xx} + \varphi_{yy} + \varphi_{zz} = (u_x^* + v_y^* + w_z^*)/\Delta t \tag{3.42}$$

$$\begin{aligned} u^{n+1} &= u^* - \Delta t \varphi_x \\ v^{n+1} &= v^* - \Delta t \varphi_y \\ w^{n+1} &= w^* - \Delta t \varphi_z \end{aligned} \tag{3.43}$$

となります．

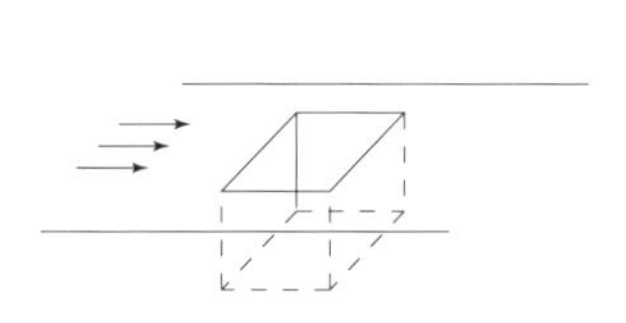

図 3.13　立方体キャビティ

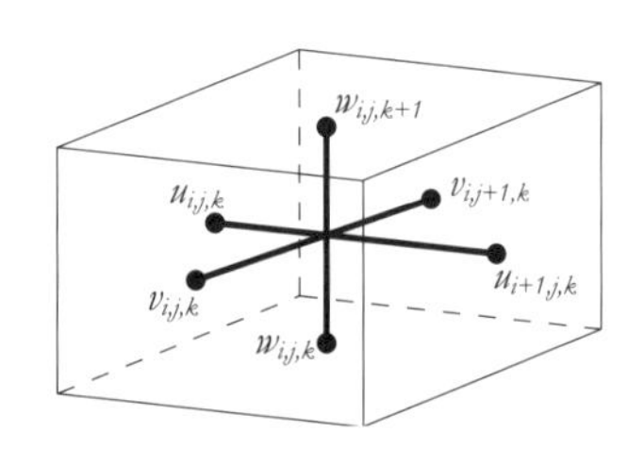


図 3.14　スタガード格子（3 次元）

2 次元問題と同様にスタガード格子を用いて上式を差分近似します[*1]．3 次元の場合のスタガード格子を図 3.14 に示します．式 (3.41) の第 1 式は $u$ を近似する式であるため，各項は $u$ が定義されている格子点の値を使うべきであると考えられます．しかし，$v$ および $w$ はその格子点では定義されていません．

[*1] ここではプログラムを読みやすくするため，2 次元の説明とは異なり半整数の格子番号を使っていませんが本質的には 2 次元と同じです．

そのような場合には2次元の場合と同じく近接格子点の平均値で置き換えることにします．すなわち，$u$ の格子点での $v$，$w$ を $v^u$，$w^u$ とすれば，図 3.14 を参照して

$$v^u = \frac{v_{i-1,j,k} + v_{i,j,k} + v_{i-1,j+1,k} + v_{i,j+1,k}}{4}$$
$$w^u = \frac{w_{i-1,j,k} + w_{i,j,k} + w_{i-1,j,k+1} + w_{i,j,k+1}}{4}$$

とします．同様に，$v$ の格子点での $u$，$w$ を $u^v$，$w^v$，$w$ の格子点での $u$，$v$ を $u^w$，$v^w$ とすれば

$$u^v = \frac{u_{i,j-1,k} + u_{i,j,k} + u_{i+1,j-1,k} + u_{i+1,j,k}}{4}$$
$$w^v = \frac{w_{i,j-1,k} + w_{i,j,k} + w_{i,j-1,k+1} + w_{i,j,k+1}}{4}$$
$$u^w = \frac{u_{i,j,k-1} + u_{i,j,k} + u_{i+1,j,k-1} + u_{i+1,j,k}}{4}$$
$$v^w = \frac{v_{i,j,k-1} + v_{i,j,k} + v_{i,j+1,k-1} + v_{i,j+1,k}}{4}$$

となります．これらの値を使って式 (3.41) を近似すれば

$$\begin{aligned} u^*_{i,j,k} &= u_{i,j,k} + \Delta t \\ &\left\{ -u_{i,j,k}\frac{u_{i+1,j,k} - u_{i-1,j,k}}{2\Delta x} - v^u\frac{u_{i,j+1,k} - u_{i,j-1,k}}{2\Delta y} \right. \\ &\qquad \left. -w^u\frac{u_{i,j,k+1} - u_{i,j,k-1}}{2\Delta z} + \nu(\nabla^2 u)_{i,j,k} \right\} \\ v^*_{i,j,k} &= v_{i,j,k} + \Delta t \\ &\left\{ -u^v\frac{v_{i+1,j,k} - v_{i-1,j,k}}{2\Delta x} - v_{i,j,k}\frac{v_{i,j+1,k} - v_{i,j-1,k}}{2\Delta y} \right. \\ &\qquad \left. -w^v\frac{v_{i,j,k+1} - v_{i,j,k-1}}{2\Delta z} + \nu(\nabla^2 v)_{i,j,k} \right\} \qquad (3.44) \\ w^*_{i,j,k} &= w_{i,j,k} + \Delta t \\ &\left\{ -u^w\frac{w_{i+1,j,k} - w_{i-1,j,k}}{2\Delta x} - v^w\frac{w_{i,j+1,k} - w_{i,j-1,k}}{2\Delta y} \right. \\ &\qquad \left. -w_{i,j,k}\frac{w_{i,j,k+1} - w_{i,j,k-1}}{2\Delta z} + \nu(\nabla^2 w)_{i,j,k} \right\} \end{aligned}$$

ただし

$$(\nabla^2 f)_{i,j,k} = \frac{f_{i+1,j,k} - 2f_{i,j,k} + f_{i-1,j,k}}{(\Delta x)^2} + \frac{f_{i,j+1,k} - 2f_{i,j,k} + f_{i,j-1,k}}{(\Delta y)^2} + \frac{f_{i,j,k+1} - 2f_{i,j,k} + f_{i,j,k-1}}{(\Delta z)^2}$$

となります．一方，式 (3.42)，(3.43) は自然に近似できて

$$(\nabla^2 \varphi)_{i,j,k} = \frac{1}{\Delta t}\left(\frac{u^*_{i+1,j,k} - u^*_{i,j,k}}{\Delta x} + \frac{v^*_{i,j+1,k} - v^*_{i,j,k}}{\Delta y} + \frac{w^*_{i,j,k+1} - w^*_{i,j,k}}{\Delta z}\right) \tag{3.45}$$

$$\begin{aligned}
u^{n+1}_{i,j,k} &= u^*_{i,j,k} - \Delta t\frac{\varphi_{i,j,k} - \varphi_{i-1,j,k}}{\Delta x} \\
v^{n+1}_{i,j,k} &= v^*_{i,j,k} - \Delta t\frac{\varphi_{i,j,k} - \varphi_{i,j-1,k}}{\Delta y} \\
u^{n+1}_{i,j,k} &= w^*_{i,j,k} - \Delta t\frac{\varphi_{i,j,k} - \varphi_{i,j,k-1}}{\Delta z}
\end{aligned} \tag{3.46}$$

となります．

式 (3.45) は反復法を用いて解くことができます．すなわち，式 (3.45) を $\varphi_{i,j,k}$ について解いた式（ただし右辺を $Q_{i,j,k}$ と書いています）

$$\varphi^{(\nu+1)}_{i,j,k} = 1/(2/(\Delta x)^2 + 2/(\Delta y)^2 + 2/(\Delta z)^2) \times\left(\frac{\varphi^{(\nu)}_{i+1,j,k} + \varphi^{(\nu+1)}_{i-1,j,k}}{(\Delta x)^2} + \frac{\varphi^{(\nu)}_{i,j+1,k} + \varphi^{(\nu+1)}_{i,j-1,k}}{(\Delta y)^2} + \frac{\varphi^{(\nu)}_{i,j,k+1} + \varphi^{(\nu+1)}_{i,j,k-1}}{(\Delta z)^2} - Q_{i,j,k}\right)$$

を反復式に用います．そして，この式を $\varepsilon$ を十分に小さな正数として

$$|\varphi^{(\nu+1)}_{i,j,k} - \varphi^{(\nu)}_{i,j,k}| < \varepsilon$$

が成り立つまで反復計算します．

境界条件について図 3.15 を用いて説明します．$(y, z)$ 面に平行な壁面では $u$ が壁面上にくるようにとります．このとき壁面上では粘着条件

$$u_{wall} = 0$$

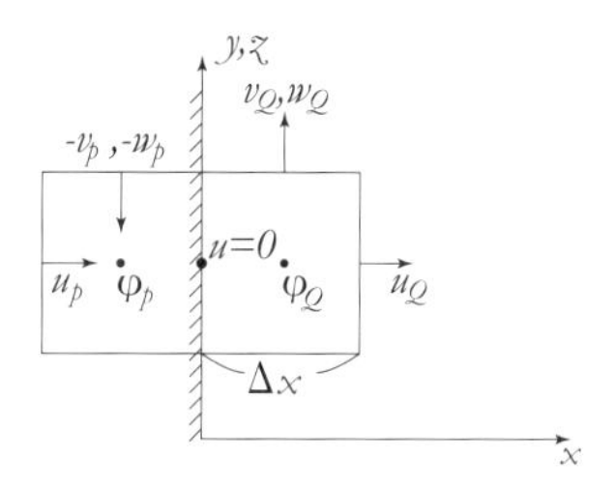


図 3.15　壁面近くでの速度

が課されます．$v$ と $w$ については半格子ずれているため，

$$v_P = -v_Q, \quad w_P = -w_Q$$

とします．壁面内の $u$ が必要な場合には流体内の近接点での $u$ と等しくとります．すなわち

$$u_P = u_Q$$

壁面内の圧力はこの速度の条件をナビエ・ストークス方程式に代入した式

$$\varphi_x = \nu u_{xx}$$

を差分近似して

$$\varphi_P = \varphi_Q - 2\nu \frac{u_Q}{\Delta x}$$

となります．

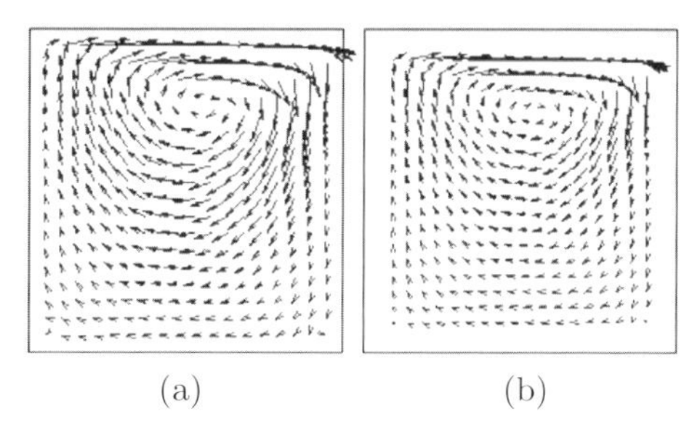


図 3.16　立方体キャビティ内の縦断面内の速度ベクトル（$\nu = 0.025$）

同様に $(x, z)$ 面に平行な面では

$$v_{wall} = 0, \quad v_P = v_Q, \quad , u_P = -u_Q, \quad w_P = -w_Q$$

$$\varphi_P = \varphi_Q - 2\nu \frac{v_Q}{\Delta y}$$

となり，$(x,z)$ 面に平行な面では（上面で壁が $u=1$ で動いている場合には）

$$w_{wall}=0, w_P = w_Q, u_P = -u_Q(\text{下面}), u_P = 2-u_Q(\text{上面}), v_P = -v_Q$$

$$\varphi_P = \varphi_Q - 2\nu \frac{w_Q}{\Delta z}$$

となります．

図 3.16 は $\nu = 0.025$ で，$z=1$ の壁が $x$ 方向に $u=1$ の速さで動いている場合について，$(x,z)$ 面に平行な断面内の速度ベクトルを $y=0.5$ の中央断面および $y=0.1$ の断面で示した図です（格子数 $20 \times 20 \times 20$）．また図 3.17 は $z=1$ の壁が $x$ 軸と 60 度の角度をなして動いた場合の $(x,y)$ 面に平行な $z=0.95$ および $z=0.6$ の断面での速度ベクトルです．

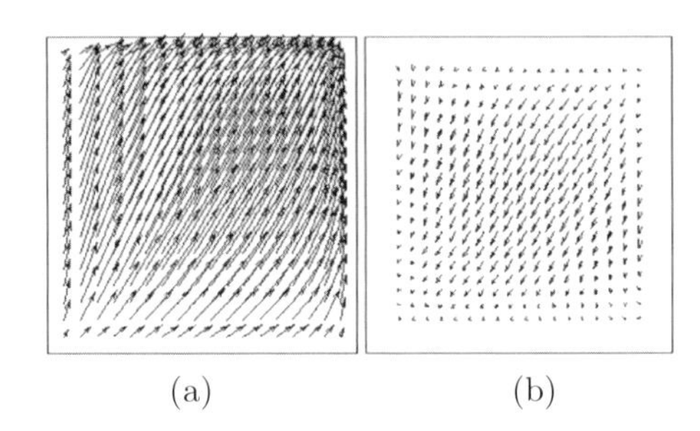

(a)　(b)

図 3.17　立方体キャビティ内の横断面内の速度ベクトル（$\nu = 0.025$）

Chapter 4

# 室内気流の解析

本章では**室内気流**の解析を例にとり，実用問題に差分解法を適用します．室内気流を例にとった理由は前章で取り扱ったキャビティ問題と同じような幾何形状をした問題でありながら実用的に重要な問題であるからです．現実の室内気流の解析ではさらに熱を考慮する必要があります．本章では，はじめに室内気流の問題について簡単に説明したあと，**不等間隔格子**を用いた室内気流の取り扱い方を説明します．次に，熱の問題の一般的な取り扱い方を説明し，さらに実際に温度場を考慮に入れた室内気流の計算を行います．

## 4.1　室内気流の層流解析

キャビティ問題を変形してみます．すなわち図 4.1 に示すような長 (正) 方形の領域内の流れで，図の左上に流体の流入口，右下に流出口がある場合の流れを考えます．この問題は窓や空調機のある室内の気流の簡単なモデルになっていますが，この例をとおして実用的な問題に対する解析例を示すことにします．なお，本節では流れは二次元的であり，熱の効果は入れないことにします．

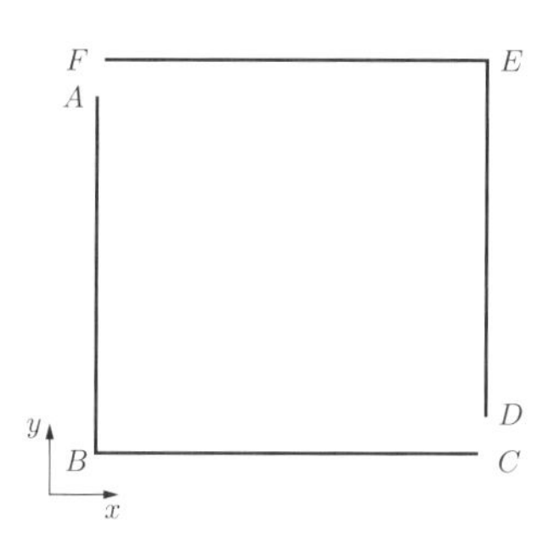


図 4.1　室内気流の計算領域

キャビティ問題に比べて，ここで取り上げる空内気流の問題では流体の流出入口がある点が異なっています．この場合，流出入口で境界条件を指定する必要がありますが，そのほかに流出入口が狭い場合でもある程度の格子点を流出入口に集める必要があります．ところが等間隔格子を用いて計算すると，全体の格子数が非常に多くなります．このような場合は**不等間隔格子**を用いて必要部分にだけ格子を集めれば効率のよい計算ができます．不等間隔格子の差分近似については付録 A で説明します．

以上のことに注意して，はじめに流れ関数一渦度法を用いた解析例を，次に MAC 法を用いた解析例を示します．

### 4.1.1　流れ関数一渦度法

付録 A の式 (A.5)，(A.3) において

$$k = x_i - x_{i-1} \qquad h = x_{i+1} - x_i$$

とおけば

$$\frac{\partial f}{\partial x} = a_1 f_{i-1.\ j} + b_1 f_{i,j} + c_1 f_{i+1,j} \qquad \frac{\partial^2 f}{\partial x^2} = a_2 f_{i-1,j} + b_2 f_{i,j} + c_2 f_{i+1,j}$$

ただし

$$\begin{aligned}
a_1 &= \frac{x_{i+1} - x_i}{(x_i - x_{i-1})(x_{i+1} - x_{i-1})}, &\quad b_1 &= \frac{x_{i+1} - 2x_i + x_{i-1}}{(x_i - x_{i-1})(x_{i+1} - x_i)} \\
c_1 &= \frac{x_i - x_{i-1}}{(x_{i+1} - x_i)(x_{i+1} - x_{i-1})}, &\quad a_2 &= \frac{2}{(x_i - x_{i-1})(x_{i+1} - x_{i-1})} \\
b_2 &= \frac{-2}{(x_{i+1} - x_i)(x_i - x_{i-1})}, &\quad c_2 &= \frac{2}{(x_{i+1} - x_i)(x_{i+1} - x_{i-1})}
\end{aligned}$$

となります．同様に

$$\frac{\partial f}{\partial y} = a_3 f_{i,j-1} + b_3 f_{i,j} + c_3 f_{i,j+1} \qquad \frac{\partial^2 f}{\partial y^2} = a_4 f_{i,j-1} + b_4 f_{i,j} + c_4 f_{i,j+1}$$

です．ただし，$a_3, b_3, c_3, a_4, b_4, c_4$ は $a_1, b_1, c_1, a_2, b_2, c_2$ おいて $x$ を $y$ に，$i$ を $j$ に置き換えたもの，すなわち

$$a_3 = -\frac{y_{j+1} - y_j}{(y_j - y_{j-1})(y_{j+1} - y_{j-1})}, \qquad b_3 = \frac{y_{j+1} - 2y_j + y_{j-1}}{(y_j - y_{j-1})(y_{j+1} - y_j)}$$
$$c_3 = \frac{y_j - y_{j-1}}{(y_{j+1} - y_j)(y_{j+1} - y_{j-1})}, \qquad a_4 = \frac{2}{(y_i - y_{j-1})(y_{j+1} - y_{j-1})}$$
$$b_4 = \frac{-2}{(y_{j+1} - y_j)(y_j - y_{j-1})}, \qquad c_4 = \frac{2}{(y_{j+1} - y_j)(y_{j+1} - y_{j-1})}$$

です.

上式を考慮して流れ関数一渦度法の基礎方程式 (3.10), (3.8) を差分近似すると

$$a_2\psi_{i-1,j} + b_2\psi_{i,j} + c_2\psi_{i,j+1} + a_4\psi_{i,j-1} + b_4\psi_{i,j} + c_4\psi_{i,j+1} = -\omega_{i,j} \quad (4.1)$$

$$\begin{aligned} &\frac{\omega_{i,j}^{n+1} - \omega_{i,j}}{\Delta t} + (a_3\psi_{i,j-1} + b_3\psi_{i,j} + c_3\psi_{i,j+1})(a_1\omega_{i-1,j} + b_1\omega_{i,j} + c_1\omega_{i+1,j}) \\ &\qquad - (a_3\omega_{i,j-1} + b_3\omega_{i,j} + c_3\omega_{i,j+1})(a_1\psi_{i-1,j} + b_1\psi_{i,j} + c_1\psi_{i+1,j}) \\ &= \nu(a_2\omega_{i-1,j} + b_2\omega_{i,j} + c_2\omega_{i+1,j} + a_4\omega_{i,j-1} + b_4\omega_{i,j} + c_4\omega_{i,j+1}) \end{aligned} \quad (4.2)$$

となります. ただし $\psi$, $\omega$ で上添字のない項は上添字 $n$ が省略されているものとします. 式 (4.1) を付録 B で述べる **SOR 法**を用いて解くために (4.1) を $\psi_{i,j}$ について解いて

$$\psi_{i,j}^* = -\frac{1}{b_2 + b_4}\left(a_2\psi_{i-1,j}^{(\nu+1)} + c_2\psi_{i+1,j}^{(\nu)} + a_4\psi_{i,j-1}^{(\nu+1)} + c_4\psi_{i,j+1}^{(\nu)} + \omega_{i,j}\right) \quad (4.3)$$

と書き換えたうえで

$$\psi_{i,j}^{(\nu+1)} = (1-\alpha)\,\psi_{i,j}^{(\nu)} + \alpha\psi_{i,j}^* \quad (4.4)$$

とします. ただし, $\nu$ は反復回数, $\alpha$ は**加速係数**です. 式 (4.2) に関しては, $\omega_{i,j}^{n+1}$ について解いた式を, そのままプログラムに記述します.

境界条件については以下のとおりです.

流れ関数は壁面上で一定値をとります. 一方, 流れ関数の 2 点間の差はその 2 点間を単位時間に通過する流量となります. そこで流入口, $AF$ を通って単位時間に流れ込む流量を $q$ とすると, 壁面 $DEF$ と $ABC$ の流れ関数の差が $q$ となります. たとえば $ABC$ 上で $\psi = 0$ とすると, $DEF$ 上では $\psi = q$ とな

ります．次に $AF$ 上での $\psi$ の値は，図 4.1 のような座標系をとり，$y_A$ を点 A での $y$ の座標値とするとき

$$\psi = \int_{y_A}^{y} u dy$$

となります．したがって，$AF$ に沿って $x$ 方向の速度 $u$ が指定されれば流れ関数の値が計算できます．いま，$u = 1$ と仮定すれば上式から

$$\psi = y - y_A \quad (AF \text{ 上}) \tag{4.5}$$

となります．特に F 点での $y$ 座標が $y_F$ であれば

$$q = y_F - y_A$$

となります．

$CD$ 上での境界条件は**流出条件**とよばれます．もし $CD$ 上で $u$ の値が指定されれば，$AF$ の場合と同様に計算できますが，通常は指定されません．そのような場合に合理的に境界条件を課すのは困難ですが，ここでは $CD$ 上で，$y$ 方向速度 $v$ を 0 と仮定します．この条件を流れ関数で表すと

$$\partial\psi/\partial x = 0$$

となるため，この式を一次精度の差分で近似して

$$\psi_P = \psi_Q \quad (CD \text{ 上}) \tag{4.6}$$

という条件を課します．ここで P は $CD$ 上の一点，Q は P から格子に沿って一つ内側の格子点です．

壁面上の渦度の値はキャビティ問題と同様にして求めることができます．すなわち，式 (3.13)，(3.14) から

$$\begin{aligned} \omega_p, &= -2\psi_Q/(x_Q - x_P)^2 \quad (AB,\ DE \text{ 上}) \\ \omega_p, &= -2\psi_Q/(y_Q - y_P)^2 \quad (BC,\ EF \text{ 上}) \end{aligned} \tag{4.7}$$

となります．次に流入口 $AF$ 上では渦なしの一様流が流入してくると仮定すれば

$$\omega = 0 \tag{4.8}$$

です．流出条件としては $\psi$ と同様，速度が不明の場合にははっきりとした条件は与えられません．そこで，たとえば 0 次の外挿を行ったと考え

$$\omega_P = \omega_Q \tag{4.9}$$

を課します．

### 4.1.2 MAC 法

次に MAC 法を用いて同じ問題を解いてみます．不等間隔格子の場合にもスタガード格子を用いることができますが，ここでは簡単のため同じ格子点で速度と圧力を評価するレギュラー（通常）格子を用いることにします．このとき基礎方程式は

$$\begin{aligned}
&a_2\varphi_{i-1,j} + b_2\varphi_{i,j} + c_2\varphi_{i+1,j} + a_4\varphi_{i-i,j} + b_4\varphi_{i,j} + c_4\varphi_{i,j+1} \\
&= \frac{1}{\Delta t}\left(a_1u_{i-1,j} + b_1u_{i,j} + c_1u_{i+1,j} + a_3v_{i,j-1} + b_3v_{i,j} + c_3v_{i,j+1}\right) \\
&\quad - \left(a_1u_{i-1,j} + b_1u_{i,j} + c_1u_{i+1,j}\right)^2 - \left(a_3v_{i,j-1} + b_3v_{i,j} + c_3v_{i,j+1}\right)^2 \\
&\quad - 2\left(a_3u_{i,j-1} + b_3u_{i,j} + c_3u_{i,j+1}\right)\left(a_1v_{i-1,j} + b_1v_{i,j} + c_1v_{i+1,j}\right)
\end{aligned} \tag{4.10}$$

$$\begin{aligned}
&\frac{u_{i,j}^{n+1} - u_{i,j}}{\Delta t} + u_{i,j}\left(a_1u_{i-1,j} + b_1u_{i,j} + c_1u_{i+1,j}\right) \\
&\quad + v_{i,j}\left(a_3u_{i,j-1} + b_3u_{i,j} + c_3u_{i,j+1}\right) \\
&= -\left(a_1\varphi_{i-1,j} + b_1\varphi_{i,j} + c_1\varphi_{i+1,j}\right) \\
&\quad + \nu\left(a_2u_{i-1,j} + b_2u_{i,j} + c_2u_{i+1,j} + a_4u_{i,j-1} + b_4u_{i,j} + c_4u_{i,j+1}\right)
\end{aligned} \tag{4.11}$$

$$\begin{aligned}
&\frac{v_{i,j}^{n+1} - v_{i,j}}{\Delta t} + u_{i,j}\left(a_1v_{i-1,j} + b_1v_{i,j} + c_1v_{i+1,j}\right) \\
&\quad + v_{i,j}\left(a_3v_{i,j-1} + b_3v_{i,j} + c_3v_{i,j+1}\right) \\
&= -\left(a_3\varphi_{i,j-1} + b_3\varphi_{i,j} + c_3\varphi_{i,j+1}\right) \\
&\quad + \nu\left(a_2v_{i-1,j} + b_2v_{i,j} + c_2v_{i+1,j} + a_4v_{i,j-1} + b_4v_{i,j} + c_4v_{i,j+1}\right)
\end{aligned} \tag{4.12}$$

となります．圧力のポアソン方程式 (4.10) は流れ関数−渦度法のポアソン方程式と同様に，式 (4.10) を $\varphi_{i,j}$ について解いた式から反復法が構成でき，それを

用いて解くことができます．$u$，$v$ を時間発展させるためには式 (4.11)，(4.12) を $u_{i,j}^{n+1}$，$v_{i,j}^{n+1}$ について解き，それをそのまま記述します．

境界条件は以下のとおりです．

速度の境界条件については壁面上で粘着条件

$$v = 0 \tag{4.13}$$

を課します．流入口では $v$ を指定します．一様流の場合は

$$u = 1, \quad v = 0 \tag{4.14}$$

です．流出口では流れ関数一渦度法と同様に $v$ が既知である場合を除いて合理的に指定するのは困難です．そこで外挿を用いて次式を課します．

$$u_P = u_Q \quad v_P = v_Q \tag{4.15}$$

圧力の境界条件はキャビティ問題と同様に壁面で

$$\nabla\varphi = \nu\nabla^2\boldsymbol{v} \tag{4.16}$$

を課します．具体的には $BC$，$EF$ 上で

$$\frac{\partial\varphi}{\partial y} = \nu\frac{\partial^2 v}{\partial y^2} \tag{4.17}$$

となり，この式を差分近似します．仮想点での速度の値を使うときは壁と平行な成分は逆向き，垂直な成分は同じ向きにとります．同様に $AB$，$DE$ 上では

$$\frac{\partial\varphi}{\partial x} = \nu\frac{\partial^2 u}{\partial x^2} \tag{4.18}$$

となります．

次に，流入口の圧力については $u = 1$，$v = 0$ をナビエ・ストークス方程式に代入すると

$$\frac{\partial u}{\partial x} = -\frac{\partial\varphi}{\partial x} + \nu\frac{\partial^2 u}{\partial x^2} \tag{4.19}$$

となります．そこで，$u_x = u_{xx} = 0$ を仮定して

$$\frac{\partial\varphi}{\partial x} = 0 \tag{4.20}$$

を用います．流出口の圧力は大気に接しているとして

$$\varphi = 0 \tag{4.21}$$

を課します．

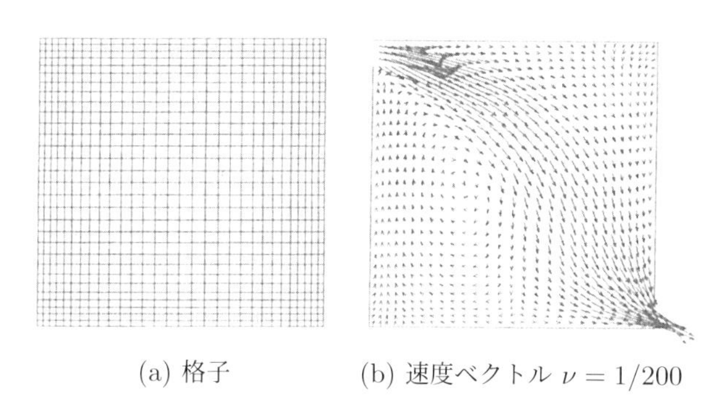

(a) 格子　　(b) 速度ベクトル $\nu = 1/200$

図 4.2　室内気流の計算結果 1

## 4.2　熱の取り扱い

現実の流れでは流体の運動にともない熱も輸送されます．本節では流体の問題において熱を考慮に入れる必要がある場合の取り扱い方について説明します．

流体内の温度が空間的・時間的に変化すると，それにともない流体の密度も変化します．密度変化が大きくないうちは流体はあまり影響を受けませんが，密度変化が大きくなるとその影響が無視できなくなります．そこで本節では

1. 温度変化が流体の運動に影響を与えず，熱が流体によって一方的に輸送される問題（**強制対流問題**）
2. 温度変化による密度変化が浮力をとおしてのみ流体の運動に影響を与えると仮定（**ブジネスク近似**）した問題（**自然対流問題**）

について議論します．

### 4.2.1　強制対流問題

熱を取り扱う場合，基礎方程式にエネルギー保存則を表す方程式（**エネルギー方程式**）を加える必要があります．流速があまり大きくなく運動エネルギーが熱による内部エネルギーに比べ十分小さい場合を考え，さらに粘性による散逸も十分に小さいと仮定します．このときエネルギー方程式は，$k$ を熱伝導率として

$$\frac{\partial T}{\partial t} + (\boldsymbol{v} \cdot \nabla) T = k \nabla^2 T + Q \tag{4.22}$$

となります．ここで $Q$ は化学反応などによる単位体積当りの発熱量を表します．強制対流問題では式 (4.22) に現れる温度 $T$ は速度 $\boldsymbol{v}$，圧力 $p$ に影響を与えません．すなわち，式 (4.22) は $\boldsymbol{v}$ を与えて $T$ を求める方程式になっており，非圧縮性流体の基礎方程式をいままでに説明した方法で解いて $\boldsymbol{v}$ が各時間で求まると，それを用いて式 (4.22) を解くことができます．式 (4.22) は 2.5 節で議論した移流拡散方程式になっており，差分法を用いて解く場合，特に困難な点はありません．なお，式 (4.22) て $\boldsymbol{v} = 0$（流れがない場合）とおくと熱伝導方程式に一致します．

### 4.2.2　自然対流問題

自然対流問題では運動方程式 (3.2) に浮力（重力）による外力が加わります．すなわち

$$\rho \left\{ \frac{\partial \boldsymbol{v}}{\partial t} + (\boldsymbol{v} \cdot \nabla) \boldsymbol{v} \right\} = -\nabla p + \mu \nabla^2 \boldsymbol{v} + \rho \boldsymbol{g} \tag{4.23}$$

となります．以下，二次元問題を考え，重力の方向を $y$ 方向下方にとることにします．このとき，式 (4.23) は

$$\rho \left( \frac{\partial u}{\partial t} + u \frac{\partial u}{\partial x} + v \frac{\partial u}{\partial y} \right) = -\frac{\partial p}{\partial x} + \mu \left( \frac{\partial^2 u}{\partial x^2} + \frac{\partial^2 u}{\partial y^2} \right) \tag{4.24}$$

$$\rho \left( \frac{\partial v}{\partial t} + u \frac{\partial v}{\partial x} + v \frac{\partial v}{\partial y} \right) = -\frac{\partial p}{\partial y} + \mu \left( \frac{\partial^2 v}{\partial x^2} + \frac{\partial^2 v}{\partial y^2} \right) - \rho g \tag{4.25}$$

となります．圧力 $p$ を

$$p = p' + \int_y^a \rho_0 g dy \tag{4.26}$$

とおきます．ただし，$p'$ は圧力から重力を差し引いた部分であり，また $\rho_0$ は基準温度における密度，$\alpha$ は定数で基準座標を表します．式 (4.26) を式 (4.24), (4.25) に代入して $p'$ をあらためて $p$ と書き直すと，式 (4.24) はそのままで，式 (4.25) は

$$\rho\left(\frac{\partial v}{\partial t} + u\frac{\partial v}{\partial x} + v\frac{\partial v}{\partial y}\right) = -\frac{\partial p}{\partial y} + \mu\left(\frac{\partial^2 v}{\partial x^2} + \frac{\partial^2 v}{\partial y^2}\right) + (\rho_0 - \rho)\,g \tag{4.27}$$

となります．$\beta$ を**体膨張係数**とすると

$$(\rho_0 - \rho)\,g = \rho_0 g\beta\,(T - T_0) \tag{4.28}$$

と書けるため，式 (4.28) を式 (4.27) に代入して

$$\rho\left(\frac{\partial v}{\partial t} + u\frac{\partial v}{\partial x} + v\frac{\partial v}{\partial y}\right) = -\frac{\partial p}{\partial y} + \mu\left(\frac{\partial^2 v}{\partial x^2} + \frac{\partial^2 v}{\partial y^2}\right) + \rho g\beta\,(T - T_0) \tag{4.29}$$

が得られます．式 (4.29) の最終項をとおして，熱が流体の運動に影響を与えることがわかります．

基礎方程式を無次元形で表現するため，$T$，$Q$ に対し

$$T - T_0 = \tilde{T}\Delta T \quad Q = \rho C\,(T - T_0)\,\tilde{Q} \tag{4.30}$$

とおいて無次元変数 $\tilde{T}$, $\tilde{Q}$ を導入します．ここで $\Delta T$ は代表的な温度差，$C$ は比熱です．さらに，$\boldsymbol{v}$，$p$ などに対しては

$$\boldsymbol{x} = L\tilde{\boldsymbol{x}}, \quad \boldsymbol{v} = U\tilde{\boldsymbol{v}}, \quad t = (L/U)\tilde{t}, \quad p = \rho U^2\tilde{p} \tag{4.31}$$

といった無次元化（$L$：代表長さ，$U$：代表速さ）を行うと次の方程式が得られます（ただし，無次元を表す記号～はすべて省略しています）：

$$\frac{\partial u}{\partial x} + \frac{\partial v}{\partial y} = 0 \tag{4.32}$$

$$\frac{\partial u}{\partial t} + u\frac{\partial u}{\partial x} + v\frac{\partial u}{\partial y} = -\frac{\partial p}{\partial x} + \frac{1}{\mathrm{Re}}\left(\frac{\partial^2 u}{\partial x^2} + \frac{\partial^2 u}{\partial y^2}\right) \tag{4.33}$$

$$\frac{\partial v}{\partial t}+u\frac{\partial v}{\partial x}+v\frac{\partial v}{\partial y}=-\frac{\partial p}{\partial y}+\frac{1}{\mathrm{Re}}\left(\frac{\partial^2 v}{\partial x^2}+\frac{\partial^2 v}{\partial y^2}\right)+\frac{\mathrm{Gr}}{\mathrm{Re}^2}T \tag{4.34}$$

$$\frac{\partial T}{\partial t}+u\frac{\partial T}{\partial x}+v\frac{\partial T}{\partial y}=\frac{1}{\mathrm{Re}\,\mathrm{Pr}}\left(\frac{\partial^2 T}{\partial x^2}+\frac{\partial^2 T}{\partial y^2}\right)+Q \tag{4.35}$$

ここで Re，Gr，Pr はそれぞれ**レイノズル数**，**グラスホフ数**，**プラントル数**，とよばれる無次元数で次式で定義されます．

$$\mathrm{Re}=\rho UL/\mu \tag{4.36}$$

$$\mathrm{Gr}=g\beta\Delta TL^3\rho^2/\mu^2 \tag{4.37}$$

$$\mathrm{Pr}=C\mu/k \tag{4.38}$$

なお，プラントル数は流体の物性値のみによって定まる定数です．

式 (4.32)〜(4.35) を解く方法には，流れ関数一渦度法，MAC 法，フラクショナル・ステップ法など今まで述べてきた方法があり，それらがそのまま使えます．ただし (4.34) の右辺の最終項のため，式は多少複雑になります．式 (4.35) は強制対流と同様，移流拡散方程式を式 (4.33)，(4.34) と同じ時間ステップで解きます．壁面における温度の境界条件は通常，

$$T=T_{\mathrm{wall}}\quad\text{（温度一定）} \tag{4.39}$$

または

$$-k\left(\partial T/\partial n\right)|_{\mathrm{wall}}=h_{\mathrm{wall}}\quad\text{（熱流束一定）} \tag{4.40}$$

を課します．ただし $T_{\mathrm{wall}}$ は壁面の温度，$h_{\mathrm{wall}}$ は壁面の**熱流束**であり $\partial/\partial n$ は法線微分を表します．$T_{\mathrm{wall}}$ が一定の場合は**等温壁**を表し，$h_{\mathrm{wall}}=0$ の場合は**断熱壁**を表します．

熱の取り扱いの具体例として，前節で説明した室内気流の問題を温度変化を考慮して取り扱ってみます．温度の境界条件として下面 $BC$ では一定温度を与え，他の壁は断熱壁と仮定します．自然対流問題としてブジネスク近似を用いた式 (4.32)〜(4.35) を基礎方程式系としますが，発熱は考えないので $Q=0$ です．

はじめに式 (4.32)〜(4.35) に流れ関数・渦度法を適用すると

$$\frac{\partial^2 \psi}{\partial x^2}+\frac{\partial^2 \psi}{\partial y^2}=-\omega \tag{4.41}$$

$$\frac{\partial \omega}{\partial t} + \frac{\partial \omega}{\partial x}\frac{\partial \psi}{\partial y} - \frac{\partial \omega}{\partial y}\frac{\partial \psi}{\partial x} = \frac{1}{\mathrm{Re}}\left(\frac{\partial^2 \omega}{\partial x^2} + \frac{\partial^2 \omega}{\partial y^2}\right) + \frac{\mathrm{Gr}}{\mathrm{Re}^2}\frac{\partial T}{\partial x} \tag{4.42}$$

$$\frac{\partial T}{\partial t} + \frac{\partial \psi}{\partial y}\frac{\partial T}{\partial x} - \frac{\partial \psi}{\partial x}\frac{\partial T}{\partial y} = \frac{1}{\mathrm{Re}\,\mathrm{Pr}}\left(\frac{\partial^2 T}{\partial x^2} + \frac{\partial^2 T}{\partial y^2}\right) \tag{4.43}$$

となります．したがって 4.1 節での取り扱いとの差は過度輸送方程式に対し式 (4.42) の最終項が付け加わることと，温度に対する方程式 (4.43) が新たに加わることになります．式 (4.43) は渦度輸送方程式と同様の手続きで解くことができます．

境界条件は渦度と流れ関数に関しては式 (4.5)～(4.10) であり，温度に関しては

$$T = T_{\mathrm{wall}} \quad (BC\ 上) \tag{4.44}$$

$$\frac{\partial T}{\partial x} = 0 \quad (AB,\ DE\ 上), \quad \frac{\partial T}{\partial y} = 0 \quad (EF\ 上) \tag{4.45}$$

です．また流入口では一定温度 ($T_0$) の流体が流入し、流出口では温度勾配が 0 とします．すなわち

$$T = T_0 \quad (AF\ 上), \quad \partial T/\partial x = 0 \quad (CD\ 上) \tag{4.46}$$

を課します．微分に関する条件は一次精度の近似を使う場合，P を境界上の点，Q を格子に沿って 1 つ内側の点とするとき

$$T_P = T_Q \tag{4.47}$$

となります．

次に MAC 法を用いて同じ問題を解いてみます．MAC 法と同じ手続きで圧力に関するボアソン方程式を導くと

$$\nabla^2 p = \frac{1}{\Delta t}\left(\frac{\partial u}{\partial x} + \frac{\partial v}{\partial y}\right) - \left\{\left(\frac{\partial u}{\partial x}\right)^2 + 2\frac{\partial u}{\partial y}\frac{\partial v}{\partial x} + \left(\frac{\partial v}{\partial y}\right)^2\right\} + \frac{\mathrm{Gr}}{\mathrm{Re}^2}\frac{\partial T}{\partial y} \tag{4.48}$$

が得られます．したがって，上式を用いて圧力を決定した後に式 (4.33), (4.34) を用いて速度を，(4.35) を用いて温度を時間発展させます．流れ関数一渦度法のところで説明したものと同じ境界条件で解くことにすれば，温度に関する境

界条件は変化せず，また速度，圧力に関する条件は 4.1 節で用いたものがそのまま利用できます．

計算結果の例を，図 4.3，図 4.4 に示します．これは．$\mathrm{Re} = 200$，$\mathrm{Pr} = 0.71$ であり，また流入口での流体の温度を 0.5，上壁面の温度を 0，下壁面の温度を 1 に保ち，左右の壁面が断熱壁とした場合の結果です．ここでは，計算結果の表示として，定常状態での速度ベクトル，および等温線が示されています．図 4.3 は $\mathrm{Gr} = 0$ すなわち強制対流の等温線図であり（速度ベクトル図は図 4.2(a) と同じ），図 4.4(a)，(b) は自然対流 ($\mathrm{Gr} = 10^5$) の速度ベクトルと等温線図です．

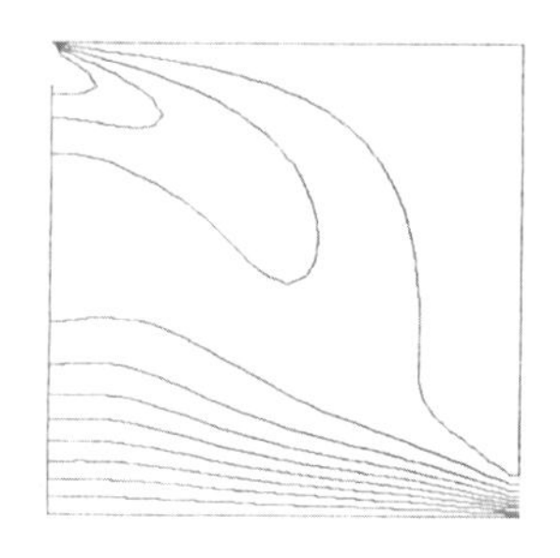

図 4.3　室内気流の計算結果 2（強制対流の定常状態での等温線，$\mathrm{Re} = 200$）

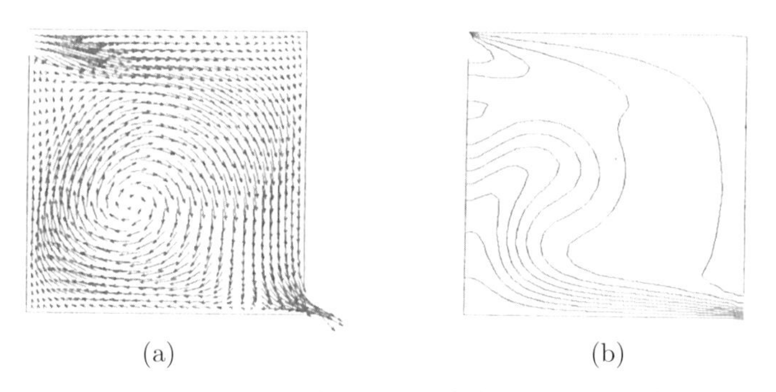


図 4.4　室内気流の計算結果 3（自然対流の定常状態での (a) 速度ベクトル，(b) 等温線．$\mathrm{Re} = 20$，$\mathrm{Gr} = 10^5$）

Chapter 5

# 簡単な実用プログラム

差分法では計算領域を格子に分割して計算します．領域形状が複雑なときには，境界適合格子を用いて境界に沿った格子を用いて計算することが多くあります．しかし，適当な格子をつくるためには多大な労力が必要になります．たとえば，室内気流を計算する場合，室内に机や椅子など多数の障害物があったとします．そのようなとき境界に沿った格子をつくることが非常に困難であることは容易に想像がつきます．もちろん，単一の格子で領域を覆うことをあきらめていくつかのブロックに分割し，それぞれのブロックで別々に格子をつくってつなぎ合わせるというのが現実的な方法です．しかし，それでもかなり大変な作業になります．また，障害物を増やしたり減らしたりする場合に格子をつくり直したり，ソルバーの境界条件部分を大幅に書き換えたりする必要があります．一方，実用プログラムといった場合にはこのようなことが簡単にできる必要があります．

このような場合に，境界形状の精度はある程度犠牲にして，領域を長方形（直方体）格子により分割すると柔軟性は大幅に増します．このとき，全領域（上の例では部屋）を流体の有無に関わらず（上の例では障害物も含めて）格子分割し，流体の存在しない部分はマスクをかけて実際には計算しないといった方法で対処する方法があります．本章ではこのような考え方に基づく簡単な実用プログラムの雛形について考えます．

## 5.1　2次元実用プログラム

具体例として図5.1に示すような2次元ダクト内に3個の長方形の障害物がある流れを計算することにします．もちろん，これから述べる方法は全体の領域が複雑であっても，また障害物が長方形でなくても，さらに多数あっても使えます．すなわち，計算領域や障害物に対するデータを変化させればよく，それは後で示すように容易にできます．

図 5.1　ダクト内に複数個の障害物のある流れ

この問題は**多重連結領域内**の流れになるため，流れ関数－渦度法では取り扱いは困難になります．なぜなら，障害物上の境界条件を決めるのが難しいためです．すなわち，障害物の上では流れ関数は一定値をとりますが，その具体的な数値を求めることが非常にめんどうになります．そこで，実用プログラムには境界条件が与えやすい速度および圧力を直接求める方法が望ましいことになります．このようなことから**フラクショナルステップ法**を用いることにします．また，本書の目的はシミュレーションの大筋をつかむことにあるので，プログラムはなるべく見通しのよい方がよいと思われます．したがって，精度の点からはスタガード格子が望ましいのですが，煩雑になることや**不等間隔格子**を用いる場合にスタガード格子では取り扱いにくいという点から，各種の物理量を同じ格子点で評価する**通常格子**を用いることにします．

さて，本来は障害物内部では流体は存在しないため，方程式を解く場合にはその部分を除外して計算する必要があります．しかし，前述のとおり障害物が多い場合にはそれは煩わしいので，流体のない部分もいっしょにまとめて計算し，流体のない部分や境界条件に対しては適当な処理をすると考えます．そのとき，流体部分と障害物を区別するために 2 次元の配列を用意して流体部分に 1，境界を含む障害物部分に 0 を入力しておきます．この部分はユーザー側から実用プログラム側にデータとして渡す部分になります．なお，不等間隔を用いる場合には，格子データもユーザーが与える必要があります．実用プログラムはこれらのデータをもとに計算することになります．

プラググラム内では以下のような処理をします．まず，ユーザー側から与えられた流体の有無に関する 0，1 のデータを配列（IFL と名づけます）で用意します．計算で得られた速度のデータに時間ステップごとに IFL を乗ずれば流体のある部分の速度は変化せず，流体のない部分での速度は 0 になるため境界における粘着条件が自動的に満足されます．計算では実際には流体がない部分をあるとして計算するため，境界近くの点において境界条件が正しく反映されない恐れがあります．しかし，ナビエ・ストークス方程式を解く場合に，陽解法を用い，さらに1次精度の片側差分や2次精度の中心差分を用いる場合には，速度に関してはその心配はありません．なぜなら，境界から流体側に2つ以上離れた格子点では境界上および境界内の格子点は使わないため問題にならず，また境界から1つ流体側の点では境界において時間ステップごとに速度を0にしているため問題にならないからです．さらに境界上では速度を計算する必要はありません．

フラクショナルステップ法に現れる圧力のポアソン方程式の境界条件はノイマン型で微分の形で与えられます．そこで，それを近似する連立1次方程式を反復法で解く場合には，境界での値は1回の反復ごとに境界からひとつ流体側の圧力と等しくとります．境界の位置は以下のようにしてIFLから計算し，別の2次元配列IBDに格納します．

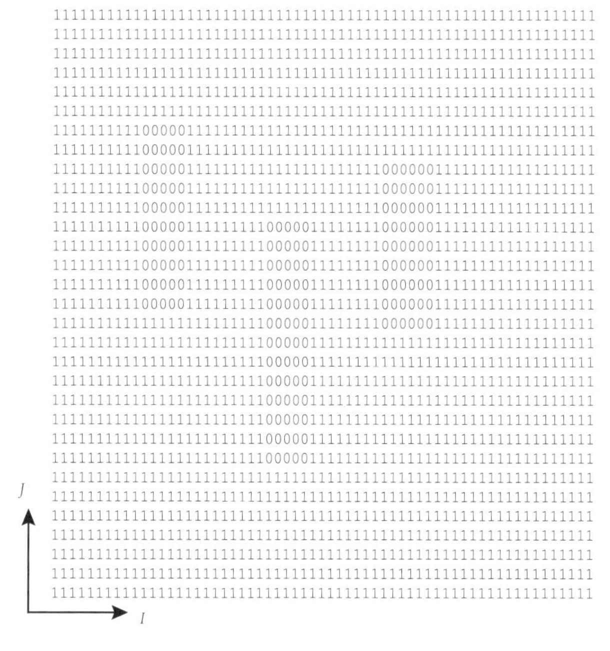


図5.2　配列IFLの内容

図 5.2 を参照して，まず $J$ を固定して，$I$ を小さい順に変化させることにします．このとき

$$IFL(I+1,J)-IFL(I,J)=-1$$

であれば $I+1$ が左側境界（左側に流体があるという意味）で，

$$IFL(I+1,J)-IFL(I,J)=1$$

となれば $I$ が右側境界になります．同様に，$I$ を固定して，$J$ を小さい順に変化させて

$$IFL(I,J+1)-IFL(I,J)=-1$$

となれば $J+1$ が下側境界で，

$$IFL(I,J+1)-IFL(I,J)=1$$

であれば $J$ が上側境界です．配列 IBD は内部の物体の境界以外では 0，境界では 1 になります．

```
C
  DO J = 1,J21
  DO I = 1,I21
     IBD(I,J) = 0
  END DO
  END DO
C
  DO J = 1,J21
  DO I = 1,I21-1
     IF(IFL(I+1,J)-IFL(I,J).EQ.-1) IBD(I,J) = 1
  END DO
  DO I = I21,2,-1
     IF(IFL(I,J)-IFL(I-1,J).EQ.1) IBD(I,J) = 1
  END DO
  END DO
  DO I = 1,I21
  DO J = 1,J21-1
     IF(IFL(I,J+1)-IFL(I,J).EQ.-1) IBD(I,J) = 1
  END DO
  DO J = J21,2,-1
     IF(IFL(I,J)-IFL(I,J-1).EQ.1) IBD(I,J)=1
  END DO
  END DO
```

図 5.3　配列 IBD の作成プログラム

図 5.3 にいま述べた部分を Fortran で記述したプログラムを示します．また図 5.4 は図 5.2 に対応する IBD の出力です．

```
0000000000000000000000000000000000000000000000000000000000000
0000000000000000000000000000000000000000000000000000000000000
0000000000000000000000000000000000000000000000000000000000000
0000000000000000000000000000000000000000000000000000000000000
0000000000000000000000000000000000000000000000000000000000000
0000000000111110000000000000000000000000000000000000000000000
0000000001000001000000000000000000000000000000000000000000000
0000000001000001000000000000000000000111111000000000000000000
0000000001000001000000000000000000001000000100000000000000000
0000000001000001000000000000000000001000000100000000000000000
0000000001000001000000001111100000001000000100000000000000000
0000000001000001000000010000010000001000000100000000000000000
0000000001000001000000010000010000001000000100000000000000000
0000000001000001000000010000010000001000000100000000000000000
0000000001000001000000010000010000001000000100000000000000000
0000000001000001000000010000010000001000000100000000000000000
0000000000111110000000010000010000001000000100000000000000000
0000000000000000000000010000010000000111111000000000000000000
0000000000000000000000010000010000000000000000000000000000000
0000000000000000000000010000010000000000000000000000000000000
0000000000000000000000010000010000000000000000000000000000000
0000000000000000000000010000010000000000000000000000000000000
0000000000000000000000010000010000000000000000000000000000000
0000000000000000000000010000010000000000000000000000000000000
0000000000000000000000001111100000000000000000000000000000000
0000000000000000000000000000000000000000000000000000000000000
0000000000000000000000000000000000000000000000000000000000000
0000000000000000000000000000000000000000000000000000000000000
0000000000000000000000000000000000000000000000000000000000000
0000000000000000000000000000000000000000000000000000000000000
0000000000000000000000000000000000000000000000000000000000000
```

図 5.4　配列 IBD の内容

図 5.5 にはソルバーにおいて圧力の境界条件を課す部分を示しています．配列 IWT は境界の種類を判別するもので，その値として図 5.6 に示すように着目している格子点に対して，1 方向が境界の場合には 12，2 方向が境界のときは 6，3 方向が境界のときは 4，そして 4 方向が境界のときは 3 を与えています．境界の種類の判断は周囲の 4 点の IBD を加えることによって行っています．配列 S は境界上の圧力の計算に必要な値を記憶する配列で，流体が存在する側の格子点での圧力の和と等しい値を記憶します．S は計算では境界上だけ使うことになります．一番下の DO ループで**圧力の境界条件**を課しています．流体内では IFL は 1 であるため，このループによって圧力は変更を受けません．境界上では S の値に IWT を 12 で割ったもの（したがって，1 方向に境界がある場合では 1，2 方向境界では 1/2，3 方向境界では 1/3，4 方向境界では 1/4）をかけたものと P を等しくおいています．これによって境界上で導関数に対する条件，すなわちノイマン条件が満足されることがわかります．

```
C
  DO J = 1,J21
  DO I = 1,I21
     IWT(I,J) = 0
  END DO
  END DO
C
  DO J = 2,J21-1
  DO I = 2,I21-1
     IQQ = IBD(I+1,J)+IBD(I-1,J)+IBD(I,J+1)+IBD(I,J-1)
         IF(IQQ.EQ.1) IWT(I,J) = 12
         IF(IQQ.EQ.2) IWT(I,J) = 6
         IF(IQQ.EQ.3) IWT(I,J) = 4
         IF(IQQ.EQ.4) IWT(I,J) = 3
  END DO
  END DO
C
  DO J = 2,J21-1
  DO I = 2,I21-1
     PQQ = P(I+1,J)*IFL(I+1,J)+P(I-1,J)*IFL(I-1,J)
    1      +P(I,J+1)*IFL(I,J+1)+P(I,J-1)*IFL(I-1,J)
     S(I,J) = PQQ*IBD(I,J)
  END DO
  END DO
  DO J = 2,J21-1
  DO I = 2,I21-1
     P(I,J) = S(I,J)*(1-IFL(I,J))*IWT(I,J)/12.+P(I,J)*IFL(I,J)
  END DO
  END DO
```

図 5.5　圧力の境界条件のプログラム

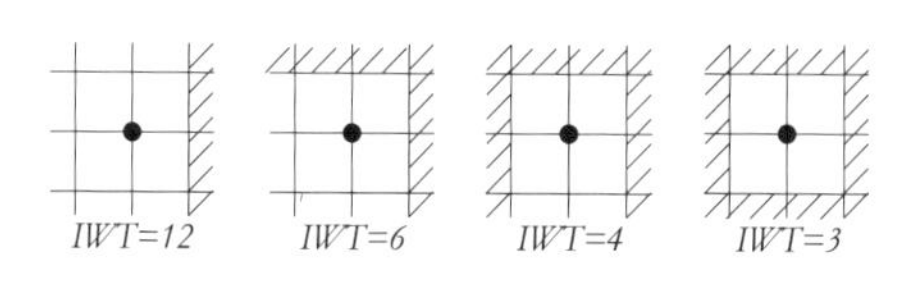


図 5.6　境界の種類

## 5.2　VBA によるプログラム例

**VBA** とは Visual Basic for Application の略で，エクセル[*1]に付属した言語 Basic によるプログラム開発環境です．本節では前節で示した 2 次元の簡易実用プログラムを VBA によって作成した例を示します．具体的には長方形領

[*1] VBA を含めてマイクロソフトの登録商標です．

域内に障害物が複数個あったときの流れを計算するプログラムで，境界条件を変化させることにより，キャビティ内流れやダクト内流れが計算できます．

なお，このプログラムでは見通しをよくするため，必要最低限のことしか書かれていません．また，変数の型宣言などはこまめに行った方がよいのですが，ページ数の関係で省略しています．後で述べる方法でこのプログラムをエクセル上で実行すると計算結果はエクセルの表に出力されます．この表のデータを用いてたとえば等高線表示ができます．

フラクショナルステップ法を用いているため，計算結果として速度成分と圧力が得られます．圧力の計算結果を用いて等圧線を描いてもよいのですが，分かりにくいので速度から流れ関数を計算し，流れ関数の等高線（流線）を表示することにします．取り扱う問題は障害物が内部にあるキャビティ流れです．

プログラムの構造として，VBA の約束で，第 1 行目は Sub プログラム名 () であり，最終行は End sub です．この間にプログラムを書きます．このプログラムではプログラム名を Cavity としています．また，第一カラムが記号「'」で始まる行はコメント行で計算には関係しません（省略可）

2-6 行目は計算で用いる配列を定義しています．U と V は速度の $(x, y)$ 成分，UT と VT は仮速度の $(x, y)$ 成分，$P$ は圧力，$Q$ は圧力のポアソン方程式のソース項です．S は障害物があるときの圧力の境界条件を取り入れるための配列で，PS は流れ関数です．あと，整数型の配列が 3 つありますが，前節で説明した障害物用の配列で名前は前節と合わせています．なお，計算時間を考慮して格子数（格子点数）は各方向に最大 40(41) としていますが，数字を大きくとれば増やすことは可能です．また，NMAX は時間ステップ数です．

7-18 行目は計算に使うパラメータです．NX と NY は $(x, y)$ 方向の格子点数，RE はレイノルズ数，DT は時間刻み幅，DX と DY は $(x, y)$ 方向の格子幅です．

20-29 行目は初期条件で，流速と圧力をともに 0 にしています．また障害物用の配列も初期化しています．31-35 行は障害物の定義で，正方形領域を 4 等分したとき，左下の 1/4 の領域が障害物になるようにしています．36-51 行目は図 5.3 を，52-60 行目は図 5.5 の上半分をそれぞれ VBA で記述したものです．

62 行から 166 行までがプログラムの本体でこの部分を Nmax 回繰り返すこ

とで時間発展します．65-74 行が領域の上下の辺の境界条件で上の辺が速さ 1 で右に動いていて，下の辺では流体が止まっています．また，76-85 行が左右の辺の境界条件で流体が静止しています．

87-100 行が仮速度の計算部分です．UX は U の $x$ 方向の 1 階微分，UXX は 2 階微分などです．102-108 で圧力のポアソン方程式の右辺を計算し，配列 Q に入れています．110 行から 141 行がポアソン方程式をガウス・ザイデル法で解く部分で，本来だと収束判定条件をつけてそれが満たされればループから抜ける形にしますが，ここでは簡単のため反復回数は 20 回に固定しています．このループの中で 110-119 行が壁面部分の圧力の境界条件であり，121-133 行は，前節の図 5.5 の後半部分を VBA で記述したものです．143-150 行で圧力と仮速度から次の時間ステップの速度を計算しています．

152-164 行が結果の表示部分で，最終ステップに到達したときに結果を出力します．153-158 行で $x$ 方向速度から流れ関数を計算し，159-163 行で流れ関数の値をエクセルの表に出力しています．

以下，エクセルの使い方をごく簡単に説明します．なお，エクセルはバージョンによって使い方が変化します（基本は同じです）ので，ここに書いたことと異なった場合は，たとえばヘルプやインターネットで使い方を調べてください．

```
001        Sub Cavity()
002        Dim U(41, 41), UT(41, 41), V(41, 41), VT(41, 41)
003        Dim P(41, 41), Q(41, 41), S(41, 41), PS(41, 41)
004        Dim IFL(41, 41) As Integer
005        Dim IBD(41, 41) As Integer
006        Dim IWT(41, 41) As Integer
007 '***  READ AND CALCULATE PARAMETERS
008 '     NUMBER OF MESH (<41) NX & NY
009         NX = 21
010         NY = 21
011 '       REYNOLDS NUMBER RE (40)
012         RE = 40
013 '       TIME INCREMENT DT  (0.01)
014         DT = 0.01
015 '       NUMBER OF TIME STEP  (100)
016         NMAX = 100
017           DX = 1# / (NX - 1)
018           DY = 1# / (NY - 1)
019 '***  INITIAL CONDITION FOR Velocity AND Pressure
020          For J = 1 To NY
021          For I = 1 To NX
022            U(I, J) = 0#
023            V(I, J) = 0#
```

```
024           P(I, J) = 0#
025           IFL(I, J) = 1
026           IBD(I, J) = 0
027           IWT(I, J) = 0
028         Next I
029         Next J
030 '***  Obstacle
031         For J = 1 To NY / 2
032         For I = 1 To NX / 2
033           IFL(I, J) = 1
034         Next I
035         Next J
036         For J = 1 To NY
037           For I = 1 To NX - 1
038            If (IFL(I + 1, J) - IFL(I, J) = -1) Then IBD(I, J) = 1
039           Next I
040           For I = NX To 2 Step -1
041            If (IFL(I, J) - IFL(I - 1, J) = 1) Then IBD(I, J) = 1
042           Next I
043         Next J
044         For I = 1 To NX
045           For J = 1 To NY - 1
046            If (IFL(I, J + 1) - IFL(I, J) = -1) Then IBD(I, J) = 1
047           Next J
048           For J = NY To 2 Step -1
049            If (IFL(I, J) - IFL(I, J - 1) = 1) Then IBD(I, J) = 1
050           Next J
051         Next I
052         For J = 1 To NY
053         For I = 1 To NX
054         IQQ = IBD(I + 1, J) + IBD(I - 1, J) + IBD(I, J + 1) + IBD(I, J - 1)
055          If (IQQ = 1) Then IWT(I, J) = 12
056          If (IQQ = 2) Then IWT(I, J) = 6
057          If (IQQ = 3) Then IWT(I, J) = 4
058          If (IQQ = 4) Then IWT(I, J) = 3
059         Next I
060         Next J
061 '***  MAIN LOOP
062       For N = 1 To NMAX
063 '***  BOUNDARY CONDITION (STEP1)
064 '***  BOTTOM AND TOP
065         For I = 1 To NX
066           U(I, 1) = 0#
067           UT(I, 1) = 0#
068           V(I, 1) = 0#
069           VT(I, 1) = 0#
070           U(I, NY) = 1#
071           UT(I, NY) = 1#
072           V(I, NY) = 0#
073           VT(I, NY) = 0#
074         Next I
075 '***  LEFT AND RIGHT
076         For J = 1 To NY
077           U(1, J) = 0#
078           UT(1, J) = 0#
079           V(1, J) = 0#
080           VT(1, J) = 0#
081           U(NX, J) = 0#
082           UT(NX, J) = 0#
083           V(NX, J) = 0#
084           VT(NX, J) = 0#
```

```
085          Next J
086 '***  CALCULATE UT,VT (STEP3)
087           For J = 2 To NY - 1
088           For I = 2 To NX - 1
089           UX = (U(I + 1, J) - U(I - 1, J)) / (2 * DX)
090           UY = (U(I, J + 1) - U(I, J - 1)) / (2 * DY)
091           VX = (V(I + 1, J) - V(I - 1, J)) / (2 * DX)
092           VY = (V(I, J + 1) - V(I, J - 1)) / (2 * DY)
093           UXX = (U(I + 1, J) + U(I - 1, J) - 2# * U(I, J)) / (DX * DX)
094           UYY = (U(I, J + 1) + U(I, J - 1) - 2# * U(I, J)) / (DY * DY)
095           VXX = (V(I + 1, J) + V(I - 1, J) - 2# * V(I, J)) / (DX * DX)
096           VYY = (V(I, J + 1) + V(I, J - 1) - 2# * V(I, J)) / (DY * DY)
097           UT(I, J) = (U(I, J)+DT*(-U(I, J)*UX - V(I, J)*UY + (UXX + UYY)/RE))* IFL(I,J)
098           VT(I, J) = (V(I, J)+DT*(-U(I, J)*VX - V(I, J)*VY + (VXX + VYY)/RE))* IFL(I,J)
099           Next I
100           Next J
101 '***  CALCULATE Q (STEP4)
102           For J = 2 To NY - 1
103           For I = 2 To NX - 1
104           UTX = (UT(I + 1, J) - UT(I - 1, J)) / (2# * DX)
105           VTY = (VT(I, J + 1) - VT(I, J - 1)) / (2# * DY)
106           Q(I, J) = (UTX + VTY) / DT
107           Next I
108           Next J
109 '***  CALCULATE Pressure (STEP5)
110         For K = 1 To 20
111         For J = 1 To NY
112          P(1, J) = P(2, J)
113          P(NX, J) = P(NX - 1, J)
114        Next J
115 '***  BOTTOM AND TOP
116         For I = 1 To NX
117           P(I, 1) = P(I, 2)
118           P(I, NY) = P(I, NY - 1)
119         Next I
120 '*** Obstacle
121         For J = 2 To NY - 1
122         For I = 2 To NX - 1
123          PQ1 = P(I + 1, J) * IFL(I + 1, J) + P(I - 1, J) * IFL(I - 1, J)
124          PQ2 = P(I, J + 1) * IFL(I, J + 1) + P(I, J - 1) * IFL(I, J - 1)
125          S(I, J) = (PQ1 + PQ2) * IBD(I, J)
126         Next I
127         Next J
128         For J = 2 To NY - 1
129         For I = 2 To NX - 1
130          S1 = S(I, J) * (1 - IFL(I, J)) * IWT(I, J) / 12#
131          P(I, J) = S1 + P(I, J) * IFL(I, J)
132         Next I
133         Next J
134           For J = 2 To NY - 1
135           For I = 2 To NX - 1
136             P1 = (P(I + 1, J) + P(I - 1, J)) / (DX * DX)
137             P2 = (P(I, J + 1) + P(I, J - 1)) / (DY * DY)
138             P(I, J) = (P1 + P2 - Q(I, J)) / (2#/(DX * DX) + 2#/(DY * DY))
139           Next I
140           Next J
141        Next K
142 '***  CALCULATE NEW VELOCITY (STEP6)
143         For J = 2 To NY - 1
144         For I = 2 To NX - 1
145           PX = (P(I + 1, J) - P(I - 1, J)) / (2# * DX)
```

```
146           PY = (P(I, J + 1) - P(I, J - 1)) / (2# * DY)
147           U(I, J) = (UT(I, J) - DT * PX) * IFL(I, J)
148           V(I, J) = (VT(I, J) - DT * PY) * IFL(I, J)
149         Next I
150         Next J
151 '***  CALCULATE STREAM FUNCTION
152         If (N = NMAX) Then
153         For I = 1 To NX
154          PS(I, NY) = 0#
155         For J = NY - 1 To 1 Step -1
156          PS(I, J) = PS(I, J + 1) - (U(I, J) + U(I, J + 1)) * 0.5 * DY
157         Next J
158         Next I
159         For I = 1 To NX
160         For J = 1 To NY
161          Cells(J, I) = PS(I, J)
162         Next J
163         Next I
164         End If
165 '***  END OF MAIN LOOP
166        Next N
167      End Sub
```

図 5.7　簡易実用プログラム

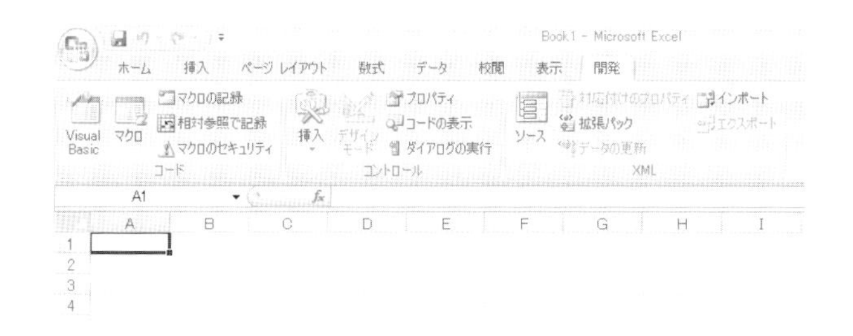


図 5.8　エクセル起動画面

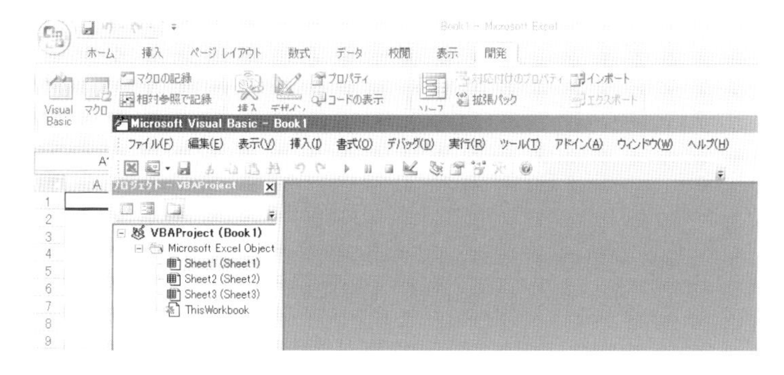


図 5.9　VBA 起動画面

図 5.8 はエクセルを起動した直後に開発タブをクリックした画面です．開発タブがない場合には，「Alt」キーと「F11」キーを同時に押すか，開発タブをデフォルトで出す方法に従います．図 5.9 は図 5.8 の左上の Visual Basic をクリックした画面です．新しいウィンドウが開きますが，左の欄の Sheet1 をダブルクリックすると灰色の部分が白くなり，プログラムが入力できるようになります．プログラム入力中に文法エラーがあると赤字になって教えてくれます．一応入力が終わると，その結果をメモ帳などを使って別のファイルに保存しておくと，再度プログラムを動かしたいとき便利です．

入力したプログラムを実行するには，図 5.9 だと書式 (O) の下に緑の三角印（実行ボタン）がありますのでそれをクリックします．

プログラムが正確に入力されていれば図 5.10 のように数値がセルに出力されます．そこで，表示したい部分をドラッグして数値を選択した上で，「挿入」を押すとグラフが表示できるようになるため，「その他のグラフ」を選びその中で「等高線の一番右のもの」を選ぶと図 5.10 のような流線図が描けます．

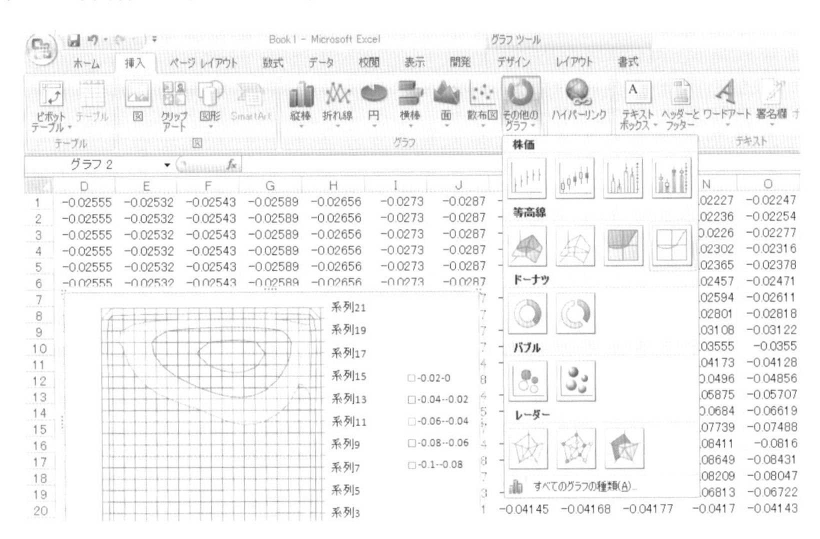


図 5.10　計算結果の出力画面

Appendix A

# 差分方程式の構成法

本付録ではテイラー展開を用いた差分近似式の構成法について述べます．よく知られているように，関数 $f(x+h)$ は $x$ における関数値や導関数値を用いて

$$f(x+h) = f(x) + \frac{h}{1!}\frac{df}{dx} + \frac{h^2}{2!}\frac{d^2 f}{dx^2} + \cdots \tag{A.1}$$

のように $h$ の（無限次の）多項式で表せます．$h$ は正でも負でもよいのですが，$h$ を正と固定して，負の場合には $h = -k$（ただし $k$ は正）とおけば

$$f(x-k) = f(x) - \frac{k}{1!}\frac{df}{dx} + \frac{k^2}{2!}\frac{d^2 f}{dx^2} + \cdots \tag{A.2}$$

となります．これらの式が差分近似式を導く場合の基礎になります．はじめに 2 階微分の差分近似を考えてみます．$a$，$b$，$c$ を未定の定数として

$$\frac{d^2 f}{dx^2} \sim af(x-k) + bf(x) + cf(x+h) \tag{A.3}$$

とおきます．式 (A.1)，(A.2) を式 (A.3) に代入すれば

$$\frac{d^2 f}{dx^2} \sim (a+b+c)f(x) + (-ka+hc)\frac{df}{dx} + \left(\frac{k^2 a}{2} + \frac{h^2 c}{2}\right)\frac{d^2 f}{dx^2} + \cdots \tag{A.4}$$

となります．したがって，

$$a+b+c = 0, \quad -ka+hc = 0, \quad \frac{k^2 a}{2} + \frac{h^2 c}{2} = 1$$

が成り立てば，式 (A.3) の右辺が $d^2 f/dx^2$ の近似になります．この方程式を解いて $a$，$b$，$c$ を求めれば

$$a = \frac{2}{k(k+h)}, \quad b = -\frac{2}{kh}, \quad c = \frac{2}{h(k+h)}$$

となるため，式 (A.4) に代入して

$$\frac{d^2 f}{dx^2} \sim \frac{2f(x-k)}{k(k+h)} - \frac{2f(x)}{kh} + \frac{2f(x+h)}{h(k+h)} \tag{A.5}$$

という近似式が得られます．

このように，2 階微分の近似式を導くためには，展開係数の 0 階，1 階微分の係数を 0，2 階微分の係数を 1 にするため，3 つの関係式を満足する必要があります．したがって，最低 3 つの格子点（上の場合には $x-k$，$x$，$x+h$）での関数値が必要になります．同様に，$n$ 階微分の近似式をつくるためには，0 階から $n-1$ 階微分の係数を 0，$n$ 階微分の係数を 1 にする必要があるため，$n+1$ 個の関係式となり，最低 $n+1$ 個の異なった格子点での関数値が必要になります．そこで，もし $n+2$ 個以上の格子点での関数値が利用できるとすれば，可能性は無数にあります．この場合には付帯条件をつけることができますが，このことを 1 階微分の近似を用いて説明します．

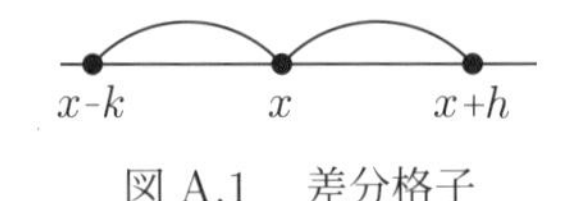


図 A.1　差分格子

上の議論から 1 階微分は 2 つの格子点の関数値から決定できますが，3 つの格子点での関数値 $f(x-k)$，$f(x)$，$f(x+h)$ を用いて式 (A.3) と類似の関係式

$$\frac{df}{dx} \sim af(x-k) + bf(x) + cf(x+h) \tag{A.6}$$

をつくります．式 (A.1)，(A.2) を式 (A.6) に代入すれば

$$\frac{df}{dx} \sim (a+b+c)f(x) + (-ka+hc)\frac{df}{dx} + \left(\frac{k^2a}{2} + \frac{h^2c}{2}\right)\frac{d^2f}{dx^2} + \cdots \tag{A.7}$$

となります．したがって，この場合

$$a+b+c=0, \quad -ka+hc=1 \tag{A.8}$$

という条件を課します．これは未知数が 3 つで関係式が 2 つなので $a$，$b$，$c$ の値は一通りに決まりません．すなわち，3 点を用いた 1 階微分の近似式は無数にあります．そこで，付帯条件として $a=0$ または $c=0$ を課せば，それぞれ

$$a=0, \quad b=-\frac{1}{h}, \quad c=\frac{1}{h}$$

$$a=-\frac{1}{k}, \quad b=\frac{1}{k}, \quad c=0$$

となり，近似式

$$\frac{df}{dx} \sim \frac{f(x+h)-f(x)}{h}$$

$$\frac{df}{dx} \sim \frac{f(x)-f(x-k)}{k}$$

が得られます．これは 2 点を用いた近似式であり，それぞれ**前進差分**と**後退差分**とよばれます．

3 点を使う場合の合理的な係数の決め方に，精度がもっともよくなるようにする方法があります．誤差の主要項は式 (A.7) の $d^2f/dx^2$ を含む項であるため，式 (A.8) に加えて

$$\frac{k^2a}{2} + \frac{h^2c}{2} = 0$$

という条件を課せば精度がもっともよくなります．この連立 3 元 1 次方程式を解けば

$$a = -\frac{h}{k(k+h)}, \quad b = \frac{h-k}{kh}, \quad c = \frac{k}{h(k+h)}$$

となるため，1 階微分の精度のよい近似式として

$$\frac{df}{dx} \sim -\frac{hf(x-k)}{k(k+h)} + \frac{(h-k)f(x)}{kh} + \frac{kf(x+h)}{h(k+h)} \tag{A.9}$$

が得られます．特にこの式で $k=h$ とおけば

$$\frac{df}{dx} \sim \frac{f(x+h)-f(x-h)}{2h}$$

となりますが，これは**中心差分**よばれます．実は $k$ や $h$ は正である必要はないため，$k=-2h$ または $h=-2k$ とおけば

$$\frac{df}{dx} \sim \frac{f(x-2k)-4f(x-k)+3f(x)}{2k} \tag{A.10}$$

$$\frac{df}{dx} \sim \frac{-3f(x)+4f(x+h)-f(x+2h)}{2h} \tag{A.11}$$

が得られます．これは注目点 $x$ の片側の値のみを用いた精度の良い近似式になっています．

Appendix B

# 連立一次方程式の反復解法

## B.1 ヤコビ法

連立 1 次方程式

$$
\begin{aligned}
a_{11}x_1 + a_{12}x_2 + a_{13}x_3 + \cdots + a_{1n}x_n &= b_1 \\
a_{21}x_1 + a_{22}x_2 + a_{23}x_3 + \cdots + a_{2n}x_n &= b_2 \\
&\cdots \\
a_{n1}x_1 + a_{n2}x_2 + a_{n3}x_3 + \cdots + a_{nn}x_n &= b_n
\end{aligned} \tag{B.1}
$$

を考えます．式 (B.1) の第 1 式を $x_1$ について解き，以下同様に，第 2 式を $x_2, \cdots$，第 $n$ 式を $x_n$ について解けば

$$
\begin{aligned}
x_1 &= \frac{1}{a_{11}}(b_1 - a_{12}x_2 - a_{13}x_3 - \cdots - a_{1n}x_n) \\
x_2 &= \frac{1}{a_{22}}(b_2 - a_{21}x_1 - a_{23}x_3 - \cdots - a_{2n}x_n) \\
&\cdots \\
x_n &= \frac{1}{a_{nn}}(b_n - a_{n1}x_1 - a_{n2}x_2 - \cdots - a_{nn-1}x_{n-1})
\end{aligned} \tag{B.2}
$$

となります．ただし, このような手続きができるためには係数 $a_{11}, a_{22}, \cdots, a_{nn}$ は 0 でないと仮定しています．もし 0 になるようであれば，あらかじめ方程式の順番を入れ換えたり，あるいは変数を入れ換えたりしておきます．

**ヤコビ法**（ヤコビの反復法）では式 (B.2) の右辺の $x_1, x_2, \cdots, x_n$ を反復前の値とし，左辺を反復後の値とします．すなわち，ヤコビ法では $\nu$ 回反復が進んだとすると $\nu+1$ 回目の反復値を次式から決めます．

$$x_1^{(\nu+1)} = \frac{1}{a_{11}}\left(b_1 - a_{12}x_2^{(\nu)} - a_{13}x_3^{(\nu)} - \cdots - a_{1n}x_n^{(\nu)}\right)$$
$$x_2^{(\nu+1)} = \frac{1}{a_{22}}\left(b_2 - a_{21}x_1^{(\nu)} - a_{23}x_3^{(\nu)} - \cdots - a_{2n}x_n^{(\nu)}\right)$$
$$\cdots$$
$$x_n^{(\nu+1)} = \frac{1}{a_{nn}}\left(b_n - a_{n1}x_1^{(\nu)} - a_{n2}x_2^{(\nu)} - \cdots - a_{nn-1}x_{n-1}^{(\nu)}\right) \qquad \text{(B.3)}$$

適当に与えた出発値（初期値）$x_1^{(0)}, x_2^{(0)}, \cdots, x_n^{(0)}$ を式 (B.3) の右辺に代入し，左辺の $x_1^{(1)}, x_2^{(1)}, \cdots, x_n^{(1)}$ を計算します．さらにこれらを式 (B.3) の右辺に代入して $x_1^{(2)}, x_2^{(2)}, \cdots, x_n^{(2)}$ を計算します．以下この手続きを収束するまで，いいかえれば適当に小さくとった正数 $\epsilon$，$\varepsilon$ に対して

$$\left|x_j^{(\nu+1)} - x_j^{(\nu)}\right| < \epsilon \quad \text{または，} \quad \frac{\left|x_j^{(\nu+1)} - x_j^{(\nu)}\right|}{\left|x_j^{(\nu)}\right|} < \varepsilon \quad (j = 1, \cdots, n)$$

が成立するまで繰り返します．（たとえば $\epsilon$ としてコンピュータの有効桁より小さい数をとれば，収束した時点で有効桁の範囲で式 (B.2) の右辺の $x_i$ と左辺の $x_i$ が一致するため，それが連立 1 次方程式 (B.1) の解になります．）

ヤコビ法は，式 (B.3) の各式が独立に計算できるため**並列計算**に向いたアルゴリズムです．ただし，収束が遅いという欠点があります．

Example B.1 **ヤコビ法** ........................................

$$9x_1 + 2x_2 + x_3 + x_4 = 20, \quad 2x_1 + 8x_2 - 2x_3 + x_4 = 16$$
$$-x_1 - 2x_2 + 7x_3 - 2x_4 = 8, \quad x_1 - x_2 - 2x_3 + 6x_4 = 17$$

に対して

$$x_1^{(\nu+1)} = \left(20 - 2x_2^{(\nu)} - x_3^{(\nu)} - x_4^{(\nu)}\right)/9$$
$$x_2^{(\nu+1)} = \left(16 - 2x_1^{(\nu)} + 2x_3^{(\nu)} - x_4^{(\nu)}\right)/8$$
$$x_3^{(\nu+1)} = \left(8 + x_1^{(\nu)} + 2x_2^{(\nu)} + 2x_4^{(\nu)}\right)/7$$
$$x_4^{(\nu+1)} = \left(17 - x_1^{(\nu)} + x_2^{(\nu)} + 2x_3^{(\nu)}\right)/6$$

という反復式が得られます．初期値 $x_1^{(0)} = 0$，$x_2^{(0)} = 0$，$x_3^{(0)} = 0$ からはじめるとおよそ 26 回の反復で正解に到達します．（正解 $x_1 = 1$，$x_2 = 2$，$x_3 = 3$，$x_4 = 4$）

## B.2　ガウス・ザイデル法と SOR 法

前節の式 (B.3) の反復式を上から順に計算していくとします．このとき 1 番目の式から $x_1$ の修正値が計算できるため，2 番目の式の右辺を計算する場合，$x_1$ にこの修正値を使うことができます．さらに 3 番目の式の右辺を計算する場合，$x_1$，$x_2$ の修正値を使い，4 番目以降も同様に続けていきます．このように，利用できる最新の修正値を反復に取り入れることにより収束を速めることができます．具体的には反復式として式 (B.3) のかわりに以下を用います．

$$
\begin{aligned}
x_1^{(\nu+1)} &= \frac{1}{a_{11}}\left(b_1 - a_{12}x_2^{(\nu)} - a_{13}x_3^{(\nu)} - \cdots - a_{1n-1}x_{n-1}^{(\nu)} - a_{1n}x_n^{(\nu)}\right)\\
x_2^{(\nu+1)} &= \frac{1}{a_{22}}\left(b_2 - a_{21}x_1^{(\nu+1)} - a_{23}x_3^{(\nu)} - \cdots - a_{2n-1}x_{n-1}^{(\nu)} - a_{2n}x_n^{(\nu)}\right)\\
x_3^{(\nu+1)} &= \frac{1}{a_{33}}\left(b_3 - a_{31}x_1^{(\nu+1)} - a_{32}x_2^{(\nu+1)} - \cdots - a_{3n-1}x_{n-1}^{(\nu)} - a_{3n}x_n^{(\nu)}\right)\\
&\cdots\cdots\\
x_n^{(\nu+1)} &= \frac{1}{a_{nn}}\left(b_n - a_{n1}x_1^{(\nu+1)} - a_{n2}x_2^{(\nu+1)} - \cdots - a_{nn-1}x_{n-1}^{(\nu+1)}\right) \qquad \text{(B.4)}
\end{aligned}
$$

ここで述べた方法は**ガウス・ザイデル法**とよばれ，収束の速さがヤコビ法の約 2 倍（例えばヤコビ法で収束に 100 回の反復が必要であるとすればガウス・ザイデル法では約 50 回）になることが知られています．

ガウス・ザイデル法の収束を加速する方法に **SOR 法**（Successive Over Relaxation method =**逐次過緩和法**）があります．この方法はガウス・ザイデル法 (B.4) の左辺をそのまま修正値とはせずに，その値と修正前の値 $x^{(\nu)}$ を組み合わせてよりよい修正値にします．すなわち，式 (B.4) の第 1 式の左辺を仮の値という意味で $x_1^*$ とします：

$$
x_1^* = \frac{1}{a_{11}}\left(b_1 - a_{12}x_2^{(\nu)} - a_{13}x_3^{(\nu)} - \cdots - a_{1n-1}x_{n-1}^{(\nu)} - a_{1n}x_n^{(\nu)}\right)
$$

そして，修正値 $x_1^{(\nu+1)}$ は

$$x_1^{(\nu+1)} = (1-\omega)\,x_1^{(\nu)} + \omega x_1^*$$

から計算します．以下，同様に

$$x_2^* = \frac{1}{a_{22}}\left(b_2 - a_{21}x_1^{(\nu+1)} - a_{23}x_3^{(\nu)} - \cdots - a_{2n-1}x_{n-1}^{(\nu)} - a_{2n}x_n^{(\nu)}\right)$$
$$x_2^{(\nu+1)} = (1-\omega)\,x_2^{(\nu)} + \omega x_2^*$$
$$\cdots$$

とします．$\omega$ の値は 0 と 2 の間でなければ収束せず，適当な値をとればガウス・ザイデル法よりも収束が数倍速くなることがあります．ただし，最適値は特殊な場合しか見積もれず，試行で決める必要があります．なお，SOR 法で $\omega = 1$ にとれば，ガウス・ザイデル法に一致します．

反復法は必ずしも収束するとは限らないため，反復法では解が得られないこともあります．

Example B.2　**ガウス・ザイデル法** ……………………………………

前節の例でとりあげた方程式にガウス・ザイデル法を適用すると

$$\begin{aligned}
x_1^{(\nu+1)} &= \left(20 - 2x_2^{(\nu)} - x_3^{(\nu)} - x_4^{(\nu)}\right)\Big/9 \\
x_2^{(\nu+1)} &= \left(16 - 2x_1^{(\nu+1)} + 2x_3^{(\nu)} - x_4^{(\nu)}\right)\Big/8 \\
x_3^{(\nu+1)} &= \left(8 + x_1^{(\nu+1)} + 2x_2^{(\nu+1)} + 2x_4^{(\nu)}\right)\Big/7 \\
x_4^{(\nu+1)} &= \left(17 - x_1^{(\nu+1)} + x_2^{(\nu+1)} + 2x_3^{(\nu+1)}\right)\Big/6
\end{aligned}$$

となります．2 番目の式の右辺に $x_1^{(\nu+1)}$ がありますが，これは 1 番目の式の計算結果をただちに使います．同様に 3 番目の式には $x_1^{(\nu+1)}$ と $x_2^{(\nu+1)}$ がありますが，これらは 1，2 番目の計算結果をただちに使います．ヤコビ法と同じ初期条件で計算すれば，およそ 15 回の反復で正解に到達します．

……………………………………………………………

# Index

## あ



## か



## さ



## た



## な

## は



## ま



## や



## ら

【著者紹介】

**河村哲也**（かわむら　てつや）

お茶の水女子大学名誉教授
放送大学客員教授

コンパクトシリーズ流れ　流体シミュレーションの基礎

2021年3月30日　初版第1刷発行

著　者　河　村　哲　也
発行者　田　中　壽　美

発行所　インデックス出版
〒191-0032　東京都日野市三沢1-34-15
Tel 042-595-9102　Fax 042-595-9103
URL：https://www.index-press.co.jp

Printed in Japan　ISBN978-4-910058-08-5 C3042